THE  TIMES

FIENDISH
Su Doku 15
Book

THE TIMES

FIENDISH
Su Doku Book 15

HarperCollins Publishers
Westerhill Road
Bishopbriggs
Glasgow G64 2QT

HarperCollins Publishers
1st Floor
Watermarque Building
Ringsend Road
Dublin 4, Ireland

www.harpercollins.co.uk

© 2022 Puzzler Media Ltd

All individual puzzles copyright Puzzler Media – www.puzzler.com

10 9 8 7 6 5 4 3 2 1 0

ISBN   978-0-00-847265-8

Layout by Puzzler Media

The contents of this publication are believed correct at the time of printing. Nevertheless the publisher can accept no responsibility for errors or omissions, changes in the detail given or for any expense or loss thereby caused.

A catalogue record for this book is available from the British Library.

If you would like to comment on any aspect of this book, please contact us at the above address or online.
E-mail: puzzles@harpercollins.co.uk

Printed and bound in the UK using 100% renewable electricity at CPI Group (UK) Ltd

MIX
Paper from
responsible sources
FSC™ C007454

This book is produced from independently certified FSC™ paper to ensure responsible forest management.

For more information visit: www.harpercollins.co.uk/green

Contents

Solutions

Introduction

Welcome to the latest edition of *The Times Fiendish Su Doku*. This is
the premiership level of Su Doku, and Fiendish puzzles have featured
in *The Times* National Su Doku Championship and World Su Doku
Championship. You can find harder puzzles, and some Super Fiendish are
included at the end of this book to whet your appetite, but Fiendish are
the hardest that can generally be solved in a reasonable time without any
element of luck.

   This introduction assumes that you are already experienced with
the techniques required to solve Difficult puzzles. When you apply
these techniques to a Fiendish puzzle, you will usually find that at
some point you get stuck. A big difference is that you need to be very
thorough with a Fiendish puzzle because, whereas with Difficult
puzzles there are multiple paths to the end, Fiendish puzzles may have
only one path, so you must ensure you do not miss it. In particular, you
need to systematically check each row and column, identifying which
digits are missing, and then if:

   a) any of the empty cells can only have one of the missing digits
      in it, or

   b) any of the missing digits can only go in one of the cells.

   If you are a beginner you can do this by filling in the possible digits
in each cell by hand, but to be fast you need to be able to visualise them
in your head. Having made the checks, however, you are still likely to
get stuck at some point with a Fiendish puzzle, and you will need to use
a more sophisticated technique to progress. What follows are the most
useful techniques that will enable you to break through to the path to
the finish.

Inside Out

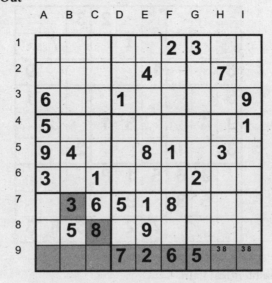

Fig. 1

Most Fiendish puzzles require this technique at some stage, so it is a very important one. Some even require it to get started. In Fig. 1, for example, row 9 is missing 3 and 8, but these are included elsewhere *inside* the bottom left region (B7 and C8), so they cannot be in A9, B9 or C9. They must therefore be in the empty cells in row 9 that are *outside* the bottom left region, i.e. H9 and I9. Since column H already contains a 3, H9 must be 8 and I9 must therefore be 3.

Scanning for Asymmetry

Fig. 2 overleaf illustrates probably the most common sticking point of all. By scanning the 8s vertically it can be seen that the 8 in the top left region can only be in row 1 or row 2 (A1 or A2) and, likewise, the 8 in the top centre region can only be in the same two rows (D1 or D2). Therefore, as there must be an 8 in row 3 somewhere, it has to be in the top right region. The only cell in the region that can have an 8 in row 3 is G3 (because column H already has an 8 in it), so G3 is resolved as an 8.

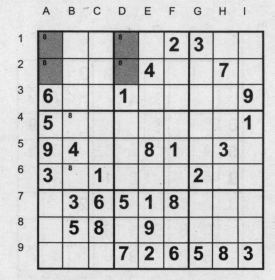

Fig. 2

Filling in Identical Pairs

Top players always fill in identical pairs, as shown in Fig. 3:

- E6/F6 can be identified as the pair 5_7, either by scanning for asymmetry in the 7s across the middle regions (and scanning the 5s), or by filling in row 6 (they are the only cells that can contain 5 and the only cells that can contain 7).

- A7/A8 are the pair 2_7 from scanning 2 and 7 along row 9.

- C4/C5 are also 2_7 because they are the only digits remaining in the region. Likewise with the pair 3_4 in D8/F8.

The great benefit of filling in each pair is that it is almost as good as resolving the cells from the point of view of opening up further moves. In this case, the fact that D8 or F8 is a 4 means that G8 can only be 1 or 6 (note that it cannot be 7 because G4 and G5 are the only possible cells for a 7 in the middle right region). G2 can only be 1 or 6, so it is now easy to identify G5 as 7 (because it is the only digit that is possible). This leads to C5=2, then C4=7, D4=2, D5=6 and H4=6.

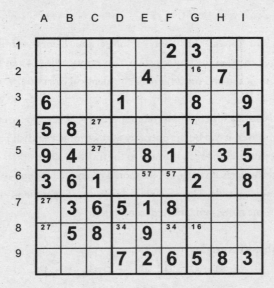

Fig. 3

Fig. 4

Cross

In Fig. 4, Row 5 already has 4 and 9 resolved, and so does column E. Where they cross, in the centre region, two empty cells (F4 and D6) are left untouched and must therefore be identical pairs of 4_9. This resolves E4 as 3.

This is not such a common technique, and will not appear in every puzzle; however, it can be the only way to start some Fiendish puzzles and can be crucial to break through to the finish of some others.

The techniques up to this point should be enough for you to solve every Fiendish puzzle. The example is, however, a Super Fiendish and requires some more sophisticated techniques.

Impossible Rectangle

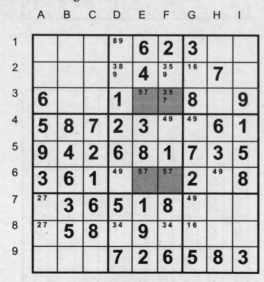

Fig. 5

In Fig. 5 the central columns have now been filled in with all possible digits, revealing another situation you may face in a Super Fiendish Su Doku. The four cells E3/F3/E6/F6 make the corners of a rectangle. If each corner contained the same pair 5_7, then there would be two possible solutions to the rectangle – 5/7/7/5 and 7/5/5/7. If there were two possible solutions to the rectangle, then there would be two possible solutions to the puzzle, but we know that the puzzle will have only one solution, so a rectangle with the same pair in each corner is impossible. The only way to avoid an impossible rectangle is for F3 to be 3; hence this is the only possible solution. The final breakthrough has now been made and this puzzle is easily finished.

Trial Path (Bifurcation)

Finally, we come to the 'elephant in the room'. It is not necessary to use this technique to solve Fiendish puzzles – they may well be solved more quickly without it, but it does always work, so it is very useful as a last resort or when you are new to Fiendish puzzles. Furthermore, it always works for Super Fiendish puzzles and may prove the fastest way to solve them. It is, however, controversial because some people refuse to use it on the basis that it is guessing. This is not true because, if applied systematically, it is logically watertight; it is just inductive rather than deductive, i.e. trial and error.

	A	B	C	D	E	F	G	H	I
1				89	6	2	3		
2				389	4	359	16	7	
3	6			1	57	357	8		9
4	5	8	7	2	3	49	49	6	1
5	9	4	2	6	8	1	7	3	5
6	3	6	1	49	57	57	2	49	8
7	27	3	6	5	1	8	49		
8	27	5	8	34	9	34	16		
9				7	2	6	5	8	3

Fig. 6

As an example, let's go back to the point where we used the impossible rectangle in Fig. 6.

The idea of a trial path is to choose a cell that only has two possibilities, and try one of them. If it works and solves the puzzle, then job done. If it fails, i.e. if you end up with a clash, then the other digit must have been the correct one, and you need to retrace your steps and enter the correct one instead. In Fig. 6, for example, cell E3 can only be 5 or 7, so if you try 5 first and it leads to a clash, you know it must be 7. The difficulty with this technique is that you can easily sink into a quicksand of confusion. To do it in a clear, systematic way I recommend:

- Getting as far as possible before taking a trial path. This is because you don't want to try a digit and end up in a dead end, not knowing if it is the correct digit or not. The further you get through the puzzle before you take a trial path the less likely this is to happen.
- Before you start solving along the trial path, marking every cell that you know is correct in ink, and then doing the trial path in pencil. This way you can get back to where you were by erasing everything in pencil.
- Picking a pair that will open up more than one path. In this example, E3 is an identical pair with E6, which is also an identical pair with F6, so two paths will actually be started, one from E3 and one from F6. The more paths you can start, the less likely you are to end up in a dead end.

The techniques that have been described here should prepare you for the challenge of the Fiendish and Super Fiendish puzzles in this book. With practice you will also be able to do each in a fast time. Good luck, and have fun.

Mike Colloby
UK Puzzle Association

Fiendish

						6		
	3		6				9	7
6				2				1
1		5			7	2		
		7				4		
		4	2			1		9
7				1				2
2	9				8		3	
		3						

							2	
8						1		5
	3			7	1		4	
5			9	6		3		
	7	8			3	9		
		3			8			
			6	8				
	9			2		7		
					7		1	

	4							
1	5		6				7	
		8		1		2		4
				2	9	1		8
				8	5	9		7
		9		3		4		1
4	1		8				3	
	7							

					6		2	
		8			1			9
	1		7		5	3		
1	2					9	6	
	9	3					1	4
		7	5		3		9	
5			8			2		
	8		6					

	3							
		6	3		4			
1				9			8	3
				4		7	3	1
5								6
3	4	2		6				
4	6			5				8
			6		2	1		
							5	

		6	7				1	
7				9	3	5		
	2	7			8		5	6
				7				2
	1	4			6		3	7
9				8	1	6		
		3	4				7	

					6			
		3		2		6		9
	5						8	
						8	3	
	7				8	2		5
1				7				
	1		7	4			6	
		5	9			4	7	
	3			8				

					3		1	
				5		2		7
			9	2		4	5	
	5	9						3
2	1					9	7	
	7					1		
		4			6			
7			2	9	5			
	3			4				

7				9		3		
		1	7			4		
5					8			
			3			5	2	
9	5						1	3
	2	6			5			
			9					6
		8			2	7		
		3		4				5

6	4						7	
		9				1		6
				1			3	
			9	7				
		5			4	7		
9			5		2			
				3			6	
5	3							2
8	9		2					4

			6	2				
			9	7	5	8		1
	8	7						
	9	5					6	7
		1				4		8
		9			1			3
				9			7	6
		2		3	6	9	4	

				2				
		5	6					
	7			4			3	6
	1		9			6	5	
3		8			1			
				6				
			2			1	4	3
		4	1			8		5
		3				9	2	

	3				2	5		
				6		3	4	1
			8			7		
		4			3			
	5			2		1	6	3
	6	2	4		1		7	
		5			7	6		
		8			6			5

					3		7	6
			6	8			5	
	9			2	4			
8	7							9
							4	5
9	2							1
	8			5	6			
			4	1			3	
					8		9	4

8					1			3
			5		6		8	
				3	1		2	
	9			1			3	
			7					
6	5	2						
		5					7	
	4	7	3			8		2
2							1	4

			5					
					1	4	5	9
5	6			8	2			
7		5	6					
4								2
					3	5		1
			3	4			1	6
8	7	1	9					
				8				

7								
				2			5	1
8		4			7			9
		8	3		5		1	
								5
		7	4		6		2	
5		1			2			3
				3			8	7
6								

							9	
	2	8		9				6
3	6				1			
			2	8			4	7
					4			8
			3	5			6	1
6	7				5			
	1	2		7				4
							5	

			2		8			
		7	5		3	8		
	7			2			9	
	3	8	9		5	6	4	
	5						3	
		5	6		9	7		
		4				9		
9				7				6

					9			
		1				4	6	3
	3					5		9
			8	4		7		
			5					
3					7			2
	1	2	6					4
	7							1
	6	8			1	2	3	

5			4		3			6
		3	1		7	9		
	5	4		6		1	7	
3	1						4	9
6			8		2			5
9	7						6	8

		9					3	
8					4			
3				2				4
		1			6	7		8
	8		5		1		4	
4		7	2			1		
1				4				7
			6					2
	3					6		

						3	4	2
			7					
			2		1	7		
	4							
		6			2		3	9
			6	8	2	5		
4		7			6			
6		2		7	5			3
3				1			8	

		6						
			1		7			5
7						6	1	
	5			9	1		2	
			5					1
	4		6				3	
		2						7
		9	7		3			
	3			2		9		

6					9		7	
7			1					2
						9	6	
		5	2	7				9
	1					6		4
		6	9	1				8
						4	3	
4			5					6
1					3		8	

			4					2
		2						
	7		9		8		4	3
			3			1		
	6		8		4		5	
		4			9			
5	8		7		1		3	
						4		
7					6			

	6	1						
					3		9	
		5	1		4	8		
		4	8			3	2	
	3							
		2	9		1	4		
	8		6		7	9		5
5		6		4				7
	7							

			1			4		9
			6		4	3	8	5
	8	5		4				
			8		9		5	
		9		3	1			
	5	8						7
		2		7				3
	9	6				5	1	

					6	7		
3				9		8		6
	4	5			8		3	
			6	1	3			
								7
			8	7	2			
	2	8			4		9	
9				8		6		4
					1	2		

								1
	3						8	
4			7	3	1			
6	4			7	8	9		
			4		9	1		
				1		2		
	8	6						
	7	9			5		6	
					2	7		

	5	6						
1		4	6	8		5		
7			9	4				
	8		5		3	4		
	3			7	8	2		
						8	3	
8			3	1			5	
	2				9	7		

		4		5		2		
		3	9	7	2	5		
	1						6	
3		6				8		2
	2			8			1	
	5		3		4		7	
				9				
2			8		5			6

			5	2	4			
2	9						8	3
		6				8		
	8						3	
1			8		2			6
5								9
3	1						2	8
	6		3	4	8		1	

			4	6		5		
			1		8		9	3
	6	4		3		2	1	
	5		2	7				
		9						
	9		8					1
		6	3					2
		1				4	5	

		4				8		
	6		8	1	2		5	
	2			5			7	
			1		3			
		1	6	7	8	4		
				6				
7	1						6	5
8	4						3	1

4	1	9			8			
	5		1			7		
			8	1			4	
			7		4			
6				2	5	1		
		4					6	
1	8					2	5	
3	7		2				9	

			2					
		9			5		8	4
	1					5		
1								7
				5	7		4	9
	4			3		1	2	
		1			6			
	5			4	2			8
	7		9	8			6	

		7						
	9			2		4	5	
8				4	6		7	
3			9	7		8		
	1	6			4	3	2	
		8			2			
			6	9				4
				1			8	
					5	9		

		7	9		8	6		
	3						8	
9								7
		6				2		
		2	7		1	8		
	2	8	5		6	3	9	
1				7				2
			1		2			

	1			8				
5		3						
						2	4	1
		2		3	7			9
			9			7		
		4		6	1			8
						9	5	6
7		6						
	8			1				

		9			2			
				9				4
	2					6		3
	8		7		5	3		
	6	1	9			8		
	7		1		8	2		
	3					1		7
				8				2
		5			3			

3				7		8	1	
	1	9					5	2
		1	5	3	6			4
			1					
		5	7	8	2			6
	9	8					4	3
6				1		2	8	

			7					9
		1		6				
	7				3			
2				9	5		7	
	8		2			1	3	
		7	3					
				2			8	5
			1	8		6		3
6						9	1	

						5		
	4				2			
		7		9				8
		6	5		9		3	
						2		
	9	8			7			
		4	6		1	8		
1			7				5	
	2							

				3				
					1		2	
			5			7	1	9
		9		6	5			1
4			3	1		9		
	8		4					
		2		7			3	
	3	4				8		7
		8	9				4	

					4			
		2				8	6	
		3		1			7	
6			5					7
	1				3			8
2			8					6
		9		8			5	
		4				3	1	
					9			

		4			8		9	
			9			4		7
		7				8		
6				4				1
	7		1			9		
5				8				2
		9				3		
			3			2		6
		2			5		8	

	3							
			6			7	3	1
9		4	1					2
		7			3	5		
					6			9
		8			7	1		
4		1	8					7
			3			2	6	8
	8							

								7
		6			3		4	8
	4			6	7	9		
					5			3
		2					5	
	5	8	6			1		
		7			4	3		9
	1			7				
5	6		8			7		

	4							
6		2						
	3		2			9	1	
		5			2	3		
					8			9
			9	5		2		
		8	1		7		4	
		4				6		2
				4			8	7

9				8				
			9		2			
1	8					4		9
	6	1					3	8
			5					
	9	5					7	1
8	1					6		3
			2		6			
6				7				

		9			4		8	
						6		7
6			5		1		2	
		7		9		4		
			6				3	8
2		1						6
	7		4					
1		2		5				
	5			2	6			3

		2		3		6	5	
	3		8		6		2	
2		4				5		
		5	9	7			8	
		9		8		2		
	5		3	2	8		9	
		3				4		
					7			

							2	
			7		8			1
				9	1	3		
	5	9			2	6	1	
8						9		
4		2	9				7	
	8		3		7			
3		4			5			
	7		2	6				

6		1	2					
		9		7	5	2		3
		6		2			9	
2		3	4					1
		8		3			7	
		4		6	8	9		7
3		2	9					

		9				5		
						9	1	3
7					1			
			7					
				3		2	8	5
		6			8	1	7	
5	8			2	4			
	2			6	9			
	9			8				

					1		9	
4			2				8	3
	8		3	4				
			7		6			4
2						8		
					9	2	1	
7	9							
		5				9		
8		3		5			2	

9								2
				5				4
		3	7		4		6	
		2				8	3	
	5					4		6
		6				1		
			5	8	1			
		7	2				5	
5	3			6				

8								3
1		7				9		2
	9	6				4	1	
7		2				3		1
			9		3			
			1		5			
	8	9	7		4	1	3	
	1			3			2	

						6		9
			7		4			
							5	3
	1			5	7			
			6	8				
	5		1				9	7
1						2	7	5
		2			6	3		
7		8			1	9		

		6		8				
			4		7	1		8
4			5	6				
	2	4					7	
8		3		7				
	7						1	
	6						8	9
		9		2	6			3
	4					7	2	

		5		3			2	4
8			2		9	7		1
		2		7			6	
		9	6					7
		4		5			1	
	3		4		7	9		2
		7		2			4	5

			1					
	8						4	2
	4		6		8		1	9
5				8		2		6
					7			
9				6		1		3
	5		8		6		3	1
	1						9	7
			5					

			5	3		6		
					2			
				8	6	3		
6				7			9	
5		1	8			2		7
	9	2					3	
2		8		5				1
			9		8			
				1		5		

				3	4			8
							7	
		8	9			4		3
	5	6		1				9
	1						3	
8				2		6	5	
7		9			3	2		
	2							
4			8	7				

	5							
				1		9		
1		3				6	4	
	4			6				
			4	9	5		8	
7		5		8				
5		2	1			3		
	6				2			9
		4	5			1		

				8		3	2	
		9			2			1
			5	1			6	8
	8		2					7
		7					5	
	9							
	4		8		9		7	6
		1	4	5			3	

			2		8		9	4
	4	6			7		1	
5				8		1		6
				5	3			
2				7		9		3
	2	3			9		6	
			6		5		8	9

					7	6		5
				2			3	
			4				2	7
		6	7		9		4	
	1					7		
3			1		8	9		
5				3	1			
	7	1	5					
6		3						

2	3							
	7	1	6		2			
		6		3				
			9				7	
	9	5		1		8		
			4		7		9	
	4			7		9	2	
		9		8			1	6
								3

		6		7		1		2
	8		3		5	7		
	9			4	2		7	5
8								
	2			9	1		4	6
	4		2		7	6		
		5		6		4		9

7						8		
			8		5		6	
	3	4	6					
4			2		8		5	
						9		
6			5		4		7	
	8	9	1					
			7		6		8	
5						2		

					1			
		3				7		6
	6					2	3	
			1	9				
			7					
4						1		9
	3	1			2		9	
		6				3		8
	2				8		5	

9	3							5
			7					
			2		6	8	7	9
2				6		9		7
	5							
8				2		6		1
			1		3	7	9	4
			9					
3	9							2

	2	8				5	3	
5	9						2	7
8		4				6		3
		1	3		8	9		
		7		5		4		
6			1		3			9
			8		2			

		7			9			
	9		8	1				
8		4						
	8						1	5
	5				2		7	3
4				5		6		
					4	2	6	
			7	9		5		4
			5	2			8	

	3		6				7	
				3		6		2
6					9			3
5						4		
	7		5			2	3	6
1						8		
7					5			9
				6		3		4
	2		1				6	

	4							
	6		5	3	8	1		
8			7				5	
4	8						1	
		3	2				4	
				8		7	9	
				7				
7					2		6	1
	2				4	3		

		3		2				
9	1		8	5	7			
3				4		8		
		2		7	9	4	5	
						1		
	3	7		1			8	
4		8				5		
1	2				6	7		

				6				
			3			4		
	1	7					2	
	5							
8	4		6					9
		9		5			8	
1			8			7		
7				9	2	5		
	9	6		3				

	8						4	
			6		7			
		7	4		3	1		
1	6						9	5
	5	9				4	1	
4			9		1			6
5		3	2		6	8		1

	9					5		
					2			
	6	7						2
7			2	4	1		3	
4					6			
6	8	1			7			
5			7			2		
			6			3		7
		6	1	2	4			

								8
	9						3	2
			9	4	8	5		
		3				1		
		9			2		8	6
		1		8	4	7		
		6	7		1			
	1			2			5	
2	7			9				

	1							5
		2		6				
		9			5	1	3	
	8		4				6	
	7			2		3		9
	9		1				5	
		4			3	8	7	
		5		9				
	3							6

	1	2			6			9
			1	9	7		2	
		1	5			4	3	
7						8		
		9	2			5	7	
			4	8	3		6	
	8	6			2			4

					4		1	
		7				8		3
			9				5	
		3		4				5
	4		7		5			
2	5	9		8		4		
	6		2		3		9	
		8	1	9				
5			4					

	8						7	5
		5		6			2	
	6		1					
		6		4	7			
					8	7		3
		1		9	3			
	4		9					
		3		8			4	
	9						5	1

					2			
	6			8				
	9	7	3	5	4			
					3	7		8
						2	5	
1		9				3		
	7		2			4		
6		5				8	7	
3	2		7					

		1				8		
2				5				3
	6						1	
1			8		5			7
			7	6	1			
	3						8	
8			6		9			2
7								6
	5			2			9	

	3					2		
1							6	
			1		9			
		4		5		1		
			4				7	9
		1				5		8
7			8		5			6
	5			3			9	
				4	6	3		5

				5			8	
7								4
2		9	7	1				
	6	7	9					2
					1			
	4	3	8					1
3		2	6	7				
6								9
				9			2	

					3	4		
		5				3		6
	8		2				9	
		2			1			
						6		7
9			3					
3	4			5			8	
		8				5		1
	1			7			4	

	5				6			
		9					3	
4	1	3						
9				8				2
3	2	7	6		4			
				1				
1				9		7	5	
				4		9		6
		5		6	8	3		

		3	9					4
		8		7		2		
1	6			2		7		
9							5	
	4	2			9			
				1		4	8	
	1	6			7	9	2	
			2		5	6		
7								

	4	9	5		1	2	6	
	6	3				9	4	
		1	6		3	7		
7								8
	9						2	
	1	7	8	6	2	4	3	
	3						1	

			4					
2		6		7				
5	1	7						
					5			
3		4	9				5	
6		5		3				7
	6		8	5		7	1	
		2				8		
			1	9		3	4	

	4	9		8				
			5		7		8	
1				3				
	2				4		9	
3						5		1
	9						7	
4								7
			7		8			2
7		2		6		3		

						3		
				1	4	7	2	
					8		9	4
7				8	3	4	1	
3					7			8
5	1							
	6							
4		9	8					
	8		3	9	2			

		5						
	2	4				7		
				3			9	
2		7	8			6		
5	8	9	4	7				
			1	9			8	5
	1		7				4	
			3	4				

6		4				3		8
				4				
			2		7			
5		8		1		9		3
				8				
7		6		9		1		2
			1		6			
				2				
9		3				4		1

			6		2			
	7		1	8	9		2	
6								4
			7		6			
3								2
1		9				4		7
		3				8		
	5	8				2	1	
7								9

					5			
			1				6	5
			3		7			4
	6					8		
		2			8		4	1
4				2			3	
		5	6					
	2			4	3			6
	8	6		7			2	3

			2				4	
			1			7		5
				7	5			8
8	4				2	9		
		7			8			3
		5	7	1	3			
	2		6					
4								
	3	1		5				4

3								1
		7	9		3	6		
	4						5	
		3	2		4	5		
4	2						8	6
	7						3	
		6				7		
			4		8			
2			1		5			8

		9	8					
	7						6	3
3				2			1	
			7				4	6
		2				1		8
			1				3	5
8				1			7	
	5						8	9
		4	6					

8		4	3		5	6		2
		1	8		2	7		
			9		3			
		6				1		
	4						8	
	7		2		5			
	1						4	
		2	4	7	6	8		

		3						
	2			5			1	
9	6				8			
	1		6			7		
	3	2		1			5	
					7			
	8	5		7				9
	9	6		2	3	5	4	
						2		

		2				9		
			5		6			
						7		3
			9	5			6	
9	6		8		1			
	8			2	4		9	
7								8
8			4	1				
3	1	5		6				

4								6
	1						7	
			2	9	5			
9								8
		6				4		
		5		3		2		
7		8	4		1	3		5
		1				6		
		3	8		9	1		

	8				6			
5							2	
					3	6	8	9
				9		8		
			4				3	
9		4				1		
		3	1		2			
	6	9		5			7	
		2						6

		5				8		
3						5		
							3	6
	3		9	6				
	1	6	3		8			
2		7		5	1			
			6	2				4
8				4	7			
	6		1			9		

			4					
					3		6	5
	4			9	6	2	8	7
	8	7						
			1			8		
	9	6						
	6			2	7	1	3	9
					1		2	8
			3					

	6						9	
1								5
	8		2		9		1	
	3						5	
	2		1		4		7	
	1						3	
		1	5		7	6		
		7	6		8	5		
		6		9		7		

7	2	5						
				5			4	
			1	3				
		1					5	9
	9		2	6	5		7	
3	5					4		
				8	3			
	6			2				
						7	2	6

					4			
					7	9		
			9	5		8	2	
							8	2
	1		3			5		
2	9	8		4		7		
7	8	4	5					
		5	4	1				
		9	7					

						6		
		9						3
	5		7	2	1			
		5				3	1	4
		4			5			
		1		7	8	9		
5			3		7		6	
			9			1		
	2		8					

							9	
				1				3
2	3	8						
		7	5	8				
					3		2	
	5	4	1		7			
	8		2		6	4		
	4	5	7			1		
						3		

			9	8	6	1		
	3	8		4				6
9		5	3		4			7
				7				
3			6		8	2		5
2				3		7	1	
		3	5	6	7			

		2				3		
		4		6		5		
7			8		3			4
				8				
		9				2		
5			1		4			9
4			6		1			3
2	6						8	7

		5				9	2	
				2				
9					6	7		
			5	6				1
	4		1				9	
		2			3	5		6
6		9			4	1		
8				1				
			6		5			8

				7	3			
		5	4					6
	8				5			1
	9					2		
8								
5		3				9	7	
			3		7		8	
					2	4	5	7
	7	2					9	

	4		7		1		5	
		8	9		6	2		
	2	3				4	7	
	5		8		2		9	
		7	2		8	3		
		4		1		5		
	3	2				9	6	

				8	3			
3			4	6				
	1		2					
2	8							6
	4						3	2
		3				7	9	
7			9					
	5			2	8	9		
		4			7		6	

							6	
					6	5		9
1		2					3	
		3	9				7	
			8					
7	1	8		5	2			
6		5	3		8	1		
	7		2					
		9	4			3		

3							6	1
			5					9
		6		4				
	4				7			3
		3			4	8	1	6
			3	9				
				2				
1				7			4	
8	5		6	3				

		4	9					
	7		5	1	3			
	2					7		
							6	
	5	2	1				4	
			4	6			8	5
9	8			5				3
		7		3		6	5	
		5						

							8	
8		4	3		6			
		2			5			1
6		1	8				5	9
								4
3		5	2				7	8
		6			4			3
1		3	5		7			
						1		

	9			1			5	
		5	4				3	
2				5		7		
9	5							8
					2		4	
4	8							7
6				8		4		
		3	1				9	
	7			3			2	

		9						3
8							4	
1	2			3	8			
	9		5			4		
		1	4	8		3		
		7		9	2			
			7	2				6
					4	7		
						1	8	

		5				3		
			8		9			
		2	4		6	8		
	7	9				1	6	
			9	1	2			
		7		8		2		
5		6				9		3
	3	4				6	8	

							8	
	3					5		4
9					7		2	
						3		
		1	2	3				
8	5		6	1				
	9	7		2				
3		8	4				1	
	1		3			2		

						7		
5	1				8			
			6		1			9
	7					6	2	
6	8		4					
4	5			9		3		
1			8	7	4		6	
8	2		5	6			7	

				1	6			9
						3		
			2		4		5	
		2	5			1		4
		1						2
4		6			9	8		
2	9		6	4	7			
7		5						
	4	8	9					

		5	2					4
				7	5	8		
				4			9	
7		4	1				3	
		6				2		
5		2	3				4	
				3			5	
				8	1	6		
		7	6					1

			9					
	3			5	7			
		8			3	9	4	
	4	1			9		3	8
								7
	8	5			1		9	2
		3			8	6	1	
	5			3	4			
			2					

			6				7	
							5	4
			2	1	7	3		
3		9				7	8	
		6			8			
		1		3		5		
		7	5		1			6
6	3		8					
	1				4			

		9						
	2		6				3	
6	4			7				
2								
3	9	4	1			6		
			8	6			9	
				5				7
4				1		3	5	
	1			8	4	9		

6								
	3	8	4					
						9	6	4
7				4	5		3	6
							7	
1				7	9		4	2
						6	2	8
	1	3	2					
9								

								5
	7			1		3		
				4		8	1	
	1		8	5				9
	2	4						
	3		4	7				6
					1	6	4	
	5			3		2		
								7

						6		
		9	3					
3	2				1			4
		8				7		
	5		2					
	3		5	6			2	
	7				9		5	
		6	1	8		4		
						9		

9				4			5	
			8					
	7		6	9		1		
		2				6		1
3				1		4		
		4				2		9
	9		2	6		8		
			4					
1				7			6	

		5				3		
			4		7			
	4	9		3		2	8	
	6			4			3	
1		7				4		6
				9				
2		6				8		5
		4	2	5	1	7		

	8		4		9		1	
9								6
3								8
8			3		1			2
	7		2		4		8	
			8		6			
	3						7	
	9						6	
	5	2		1		3	4	

5			6					
	1	3						
			5		8	9		
		6		7		4		
8					3			
7	3					5		6
					6		3	
	7		2				4	
2			3	4				7

2								4
			1		5			
	6						5	
			5		8			
		8	9		7	4		
5		3		2		8		7
	7	9				6	4	
8			6		2			3
			3		4			

					5		4	
		4	3					1
7	8							
	5	2	9					7
	3	6						
			8		3		2	
6				1	4		3	
5				3	9	6		
	9	3				7		

6				2		1		
	5							
		4			5			3
1				3		4		
			6		4			9
		5		7				
	4	9	3			6		
7		1					8	
	8				6			2

				6	8			
	1					4	2	
	5	8		1	4		7	
	7			8			4	
						1		
	6			5			3	
	8	5		4	3		6	
	2					9	1	
				2	9			

				9				
	1				4			
2	6	4	1					
				1			9	
		3	4		6			7
4				2		3		
9	5			3		2		
		2				8	7	
		7	9			6		

5			8			6		
	8			2		7		1
	2			1	9			5
7					5	4		
	1			6	2			8
	7			4		1		9
1			6			2		

			8			3		
	7			3	1			
3								8
				8			9	
4	3	6	5		9		1	
			6	1				3
6		4		2				
	5			6			7	
		2		9		4		

		5			6		3	
	2	7		8	3			
								4
		1			7	5	6	
	6	2		5		3		7
				4	5	2	1	
	4			7		9		
			8		9			

	7			3			4	
3			5		4			2
		5	7		1	2		
		8	4		9	6		
	9						2	
	8	3		2		1	7	
		7	1		6	3		

					7			
				6		8	9	
	6		4	2			5	
		2						5
	9			1		4	3	
4	3					9		
2					1			
3			5	4		1		
	4	8	7					

		2				3		8
	3							
7		9		4			1	
8					6	7		
		6		5	7		9	1
9					2	4		
5		4		1			2	
	8							
		1				6		4

	4						5	
1		6				3	4	
	5		6		8			
		1					3	
					2	5		7
		9		3		4		
	9			7	5			
8	1		2					5
				1			9	3

								6
					4	1		
1				7		2	9	4
5		4	7		3			
8					1		4	
2		7	8		6			
4				2		9	8	7
					7	6		
								5

		7			2			
3			1					4
6				7			3	5
	8				1	9		
7		1	5					
	3				4	8		
4				8			1	9
1			9					2
		5			7			

							3	
3	5				9			
1			6		7	4		5
9				1		3		4
6				5		9		1
4			7		3	1		9
2	9				5			
							4	

			6		4			
			5	1	7		6	8
	1	4				8		
		7			5		9	
	8	6		4		7		
			3		2			9
		8		9				3
		3				1	7	2

		5		9				6
	1		8		5		7	9
		4						5
	8					3	4	
		7			2			
				5			8	
		8		4		5	6	
	3	9	1					

		3						
					7	1	9	
	9			1			3	4
	2	7	5				8	9
					9			
	1	9	6				5	7
	8			2			1	5
					3	4	6	
		4						

1					6			5
		2					6	
			5			2	8	
	3			4		7		8
		7						
	1			7		3		6
			9			8	2	
		5					9	
6					1			4

		2	4			9		
	8							7
		9		7		2	4	
9				2	4			6
				9				
5				1	6			2
		7		6		3	5	
	2							4
		5	3			1		

			9	5	1			
3			7	6	8			4
9		6				4		8
2								7
	7		3		5		9	
	8	9				7	1	
1		4				6		5

			9				6	
		8	3			2		5
					5	1		7
9	5			1	4			
		6						
8	7			5	2			
					8	9		3
		9	5			7		1
			4				8	

				8		6		
	3				4			
9			5					2
		1					2	
	8							9
4	6	5				1		
	4		6		3			
	1	6	2	7			9	
			4			5		

		9						
		7		4		9	2	
5	3		7					
		2		3	7		5	
	7		4					
			6				7	9
	6							
	8		1		6			4
					4		3	2

						7		
			9	7		2		4
					3		6	
	8			3			4	6
	2		5				1	
		9				8		
7	4				6		3	
		2	3	5		4	9	
	9		4					

		8				6		
	6		3		1		7	
3			6		9			1
			2	1	8			
		6		9		2		
8								5
4		5				1		2
		1				9		
			1	4	7			

			3		2	5		
			4					8
		6				9		
3		9						7
		5	8					4
1		7						6
		8				2		
			6					5
			7		5	4		

		2				5		
	4						8	3
1							4	
				5	2			
			3					7
			7			3	5	4
5					9		7	
	6	8			5	4		1
	3			4	1		6	

				1			2	
			5			8		1
		8	6	9			4	
			3					
	6					7		5
8		1	4		5	9	3	
9	3		8			6		
		5		4				
		7	9					

	3						1	
				9				5
1		8		2				7
8					1	9		
		2		8		6		
		7	4					1
7				1		5		9
5				3				
	6						4	

								9
		9	7		2		1	
	8					7		2
	5				1	6		
					5	3	2	4
	7		2	9				
		4	1	3				
	9			2				
3		7		4				

				5		8	7	3
8	3			1			9	
		4			7		8	
	1		4	6				
		6			9		5	
2	7			9			1	
				4		9	6	8

			7					3
5		7	2	3			8	
					8			
				9		6		
	4				7		2	
	5	6					9	7
8			9				6	
	3		6	1				
4		9					1	

		5		6				
		7						8
	1				4	6	3	
	7			8			5	1
1					3	9		
	9			5			7	6
	2				5	7	6	
		1						2
		6		3				

9								
	7					6	1	
				4		9	7	
				6				
	9		7		5	8		
5	6	3		2				
	4		6					
		1	5	9			2	
6			8					3

				4		1	5	
								2
		6		9			8	4
					5			1
2		5					4	
			7					6
3								
9		8		2				5
	2	4	6		9		3	

Super Fiendish

Super Fiendish

		9					7	
				4				1
4	6			7	5			
			4			1		
	9	3				2	4	
	2				6			
5		6		8				9
9			5	3		7		
	4	1				8		

			4	1	2			
		6				4		
9								7
	7						5	
		1		6		8		
			3		5			
		9				7		
2	8		9		6		1	5
			2	8	7			

	3		8		2		1	
		4	6		3	7		
		3	7		1	6		
	2		5		9		7	
3	8						5	7
		1				2		
4	7			2			8	9

							5	
						2		6
7	6	8			1		9	
		5	3	4	8			
	1				9			
		9	5	1	6			
8	9	1			2		6	
						1		2
							7	

							3	
					7	6		5
		5			3	8		2
	7			2	1			
	5		7		9		4	
			3	6			1	
7		3	1			9		
2		4	9					
	8							

			4					1
	9	7		2		8		5
						9		
2					3			4
5		8				7		9
7			6					8
		5						
8		6		4		3	9	
1					7			

		7			1		3	
9						6		1
	5					9	8	
	9			2	7			6
4					3			
		2						
	7		2					9
2	6	4			9	5		
	8			5			4	

		6		3			7	
					4	1		
5				7	1			
						7	2	
3		5					1	
	9	1					5	3
	8		4			9		
1			7	2	6			8
					8		6	

							9	
	4	6	7			1		
	3			6		4		
	6					5	8	
		5		3	7			1
				5			3	
	7	3	9				2	
4			3		1	9		
				7				

			9					2
5	3							
9			6	1				
	1	4						
	7			4		3		
		9				1		7
8			5		7			
				2	8		9	
		5				7	3	

		3						
			3		7	2		
1	2				6		7	
	6	9	2			7	5	
	5			9				
					5		3	
	9				1			6
	4	5		3	9	8		
						5		

			7			2		
							6	
6	2			8		9	1	
	7			1		5		
9		6		3		8		1
		3		5			9	
	1	8		6			3	5
	3							
		9			5			

						7		
	8	2					5	
			4		9		2	
4	6		8			3		
				5		4	1	
1	7		2			5		
			1		5		7	
	1	3					6	
						8		

		4				8	2	
		2		7		1		
1	7		6					
		7			3			2
	1					5	7	4
			9					
2	4			9				
9				2			3	
			5	8				

		3			7			4
2				1			9	8
				2	3	1		
4	6							
					1	9		6
8	3							
				3	2	7		
6				4			3	2
		8			5			9

			7		3		2	
		2				9		
	6		2	4				
2		9		8	5	7		
		8	1		7			
4			3	2				
	4		9				8	
8						5		4
							9	1

		3	7					
					2	9		1
	2					6	5	
5			1	4		3		
	3				8			
9			2	5		4		
	7					5	1	
					1	8		2
		4	9					

	7	5						
	3	8						
			1		6			
	2		3	7		1		
					2			
3			4		8	7		
	5	2					1	7
8		1			7		5	3
	6		2					

							6	
				7	1	2		3
		4				7	5	
					7			9
	9				5			
	7		9	3			8	
	5	8						4
9		1			2			7
	4		3			8	1	

			9					3
4	1				3		8	
			4		6			
						5	3	
	2							
6	5	9				4		2
		7	6					
1			2	9			6	
2	3		8				5	

Solutions

1

4	1	9	8	7	3	6	2	5
5	3	2	6	4	1	8	9	7
6	7	8	5	2	9	3	4	1
1	8	5	4	9	7	2	6	3
9	2	7	1	3	6	4	5	8
3	6	4	2	8	5	1	7	9
7	5	6	3	1	4	9	8	2
2	9	1	7	6	8	5	3	4
8	4	3	9	5	2	7	1	6

2

1	4	9	5	3	6	8	2	7
8	6	7	2	4	9	1	3	5
2	3	5	8	7	1	6	4	9
5	1	4	9	6	2	3	7	8
6	7	8	4	1	3	9	5	2
9	2	3	7	5	8	4	6	1
7	5	1	6	8	4	2	9	3
3	9	6	1	2	5	7	8	4
4	8	2	3	9	7	5	1	6

3

9	4	3	2	7	8	5	1	6
1	5	2	6	9	4	8	7	3
7	6	8	5	1	3	2	9	4
5	3	7	4	2	9	1	6	8
8	9	4	1	6	7	3	2	5
6	2	1	3	8	5	9	4	7
2	8	9	7	3	6	4	5	1
4	1	6	8	5	2	7	3	9
3	7	5	9	4	1	6	8	2

4

7	3	4	9	8	6	1	2	5
6	5	8	3	2	1	7	4	9
9	1	2	7	4	5	3	8	6
1	2	5	4	3	8	9	6	7
4	7	6	1	5	9	8	3	2
8	9	3	2	6	7	5	1	4
2	4	7	5	1	3	6	9	8
5	6	1	8	9	4	2	7	3
3	8	9	6	7	2	4	5	1

Solutions

5

7	3	4	5	1	8	9	6	2
8	9	6	3	2	4	5	1	7
1	2	5	7	9	6	4	8	3
6	8	9	2	4	5	7	3	1
5	7	1	8	3	9	2	4	6
3	4	2	1	6	7	8	9	5
4	6	7	9	5	1	3	2	8
9	5	3	6	8	2	1	7	4
2	1	8	4	7	3	6	5	9

6

4	3	1	8	6	5	7	2	9
5	9	6	7	4	2	3	1	8
7	8	2	1	9	3	5	6	4
3	2	7	9	1	8	4	5	6
6	5	9	3	7	4	1	8	2
8	1	4	5	2	6	9	3	7
9	7	5	2	8	1	6	4	3
2	6	3	4	5	9	8	7	1
1	4	8	6	3	7	2	9	5

7

7	9	1	8	5	6	3	2	4
8	4	3	1	2	7	6	5	9
2	5	6	3	9	4	7	8	1
5	6	4	2	1	9	8	3	7
3	7	9	4	6	8	2	1	5
1	8	2	5	7	3	9	4	6
9	1	8	7	4	2	5	6	3
6	2	5	9	3	1	4	7	8
4	3	7	6	8	5	1	9	2

8

8	2	5	4	7	3	6	1	9
9	4	1	6	5	8	2	3	7
3	6	7	9	2	1	4	5	8
4	5	9	7	1	2	8	6	3
2	1	8	3	6	4	9	7	5
6	7	3	5	8	9	1	2	4
5	9	4	1	3	6	7	8	2
7	8	6	2	9	5	3	4	1
1	3	2	8	4	7	5	9	6

Solutions

9

7	4	2	5	9	1	3	6	8
8	3	1	7	2	6	4	5	9
5	6	9	4	3	8	1	7	2
1	8	4	3	6	9	5	2	7
9	5	7	2	8	4	6	1	3
3	2	6	1	7	5	9	8	4
2	7	5	9	1	3	8	4	6
4	9	8	6	5	2	7	3	1
6	1	3	8	4	7	2	9	5

10

6	4	1	3	9	5	2	7	8
3	8	9	4	2	7	1	5	6
7	5	2	6	1	8	4	3	9
4	1	8	9	7	3	6	2	5
2	6	5	1	8	4	7	9	3
9	7	3	5	6	2	8	4	1
1	2	4	8	3	9	5	6	7
5	3	6	7	4	1	9	8	2
8	9	7	2	5	6	3	1	4

11

7	5	3	1	8	4	6	2	9
9	1	8	6	2	3	7	5	4
2	4	6	9	7	5	8	3	1
3	8	7	4	6	9	5	1	2
4	9	5	2	1	8	3	6	7
6	2	1	3	5	7	4	9	8
5	6	9	7	4	1	2	8	3
8	3	4	5	9	2	1	7	6
1	7	2	8	3	6	9	4	5

12

8	4	6	3	2	7	5	1	9
2	3	5	6	1	9	7	8	4
9	7	1	5	4	8	2	3	6
4	1	7	9	3	2	6	5	8
3	6	8	7	5	1	4	9	2
5	9	2	8	6	4	3	7	1
6	8	9	2	7	5	1	4	3
7	2	4	1	9	3	8	6	5
1	5	3	4	8	6	9	2	7

Solutions

13

5	4	1	3	7	8	9	2	6
9	3	6	1	4	2	5	8	7
2	8	7	5	6	9	3	4	1
6	2	3	8	1	5	7	9	4
1	7	4	6	9	3	2	5	8
8	5	9	7	2	4	1	6	3
3	6	2	4	5	1	8	7	9
4	1	5	9	8	7	6	3	2
7	9	8	2	3	6	4	1	5

14

2	5	8	1	9	3	4	7	6
3	4	1	6	8	7	9	5	2
6	9	7	5	2	4	8	1	3
8	7	5	2	4	1	3	6	9
1	3	6	8	7	9	2	4	5
9	2	4	3	6	5	7	8	1
4	8	3	9	5	6	1	2	7
7	6	9	4	1	2	5	3	8
5	1	2	7	3	8	6	9	4

15

8	7	4	2	9	1	5	6	3
3	2	1	5	7	6	4	8	9
5	6	9	4	8	3	1	2	7
7	9	8	6	1	4	2	3	5
4	1	3	7	2	5	6	9	8
6	5	2	9	3	8	7	4	1
9	8	5	1	4	2	3	7	6
1	4	7	3	6	9	8	5	2
2	3	6	8	5	7	9	1	4

16

1	4	7	5	3	9	2	6	8
3	2	8	7	6	1	4	5	9
5	6	9	4	8	2	1	3	7
7	1	5	6	2	4	9	8	3
4	8	3	1	9	5	6	7	2
2	9	6	8	7	3	5	4	1
9	5	2	3	4	7	8	1	6
8	7	1	9	5	6	3	2	4
6	3	4	2	1	8	7	9	5

Solutions

17

7	2	5	1	9	3	8	6	4
3	6	9	8	2	4	7	5	1
8	1	4	5	6	7	2	3	9
2	4	8	3	7	5	9	1	6
1	3	6	2	8	9	4	7	5
9	5	7	4	1	6	3	2	8
5	8	1	7	4	2	6	9	3
4	9	2	6	3	1	5	8	7
6	7	3	9	5	8	1	4	2

18

7	5	1	6	3	8	4	9	2
4	2	8	5	9	7	3	1	6
3	6	9	4	2	1	8	7	5
1	3	5	2	8	6	9	4	7
2	9	6	7	1	4	5	3	8
8	4	7	3	5	9	2	6	1
6	7	3	8	4	5	1	2	9
5	1	2	9	7	3	6	8	4
9	8	4	1	6	2	7	5	3

19

5	9	6	2	4	8	3	7	1
3	8	2	7	9	1	4	6	5
1	4	7	5	6	3	8	2	9
4	7	1	3	2	6	5	9	8
2	3	8	9	1	5	6	4	7
6	5	9	4	8	7	1	3	2
8	2	5	6	3	9	7	1	4
7	6	4	1	5	2	9	8	3
9	1	3	8	7	4	2	5	6

20

6	5	4	3	2	9	1	8	7
2	9	1	7	5	8	4	6	3
8	3	7	4	1	6	5	2	9
1	2	9	8	4	3	7	5	6
7	4	6	5	9	2	3	1	8
3	8	5	1	6	7	9	4	2
9	1	2	6	3	5	8	7	4
5	7	3	2	8	4	6	9	1
4	6	8	9	7	1	2	3	5

Solutions

21

1	4	9	2	8	6	3	5	7
5	2	7	4	9	3	8	1	6
8	6	3	1	5	7	9	2	4
2	5	4	9	6	8	1	7	3
7	9	6	3	1	4	5	8	2
3	1	8	7	2	5	6	4	9
4	8	5	6	7	9	2	3	1
6	3	1	8	4	2	7	9	5
9	7	2	5	3	1	4	6	8

22

6	4	9	8	5	7	2	3	1
8	1	2	3	6	4	5	7	9
3	7	5	1	2	9	8	6	4
5	9	1	4	3	6	7	2	8
2	8	3	5	7	1	9	4	6
4	6	7	2	9	8	1	5	3
1	2	6	9	4	5	3	8	7
7	5	8	6	1	3	4	9	2
9	3	4	7	8	2	6	1	5

23

9	7	8	6	5	1	3	4	2
1	2	4	7	8	3	9	6	5
5	6	3	4	2	9	1	7	8
2	4	9	5	3	7	8	1	6
8	5	6	1	4	2	7	3	9
7	3	1	9	6	8	2	5	4
4	8	7	3	9	6	5	2	1
6	1	2	8	7	5	4	9	3
3	9	5	2	1	4	6	8	7

24

8	1	6	3	5	9	2	7	4
3	2	4	1	6	7	8	9	5
7	9	5	2	8	4	6	1	3
6	5	3	4	9	1	7	2	8
9	7	8	5	3	2	4	6	1
2	4	1	6	7	8	5	3	9
4	8	2	9	1	6	3	5	7
5	6	9	7	4	3	1	8	2
1	3	7	8	2	5	9	4	6

Solutions

25

6	5	4	8	2	9	1	7	3
7	3	9	1	6	5	8	4	2
2	8	1	4	3	7	9	6	5
8	4	5	2	7	6	3	1	9
9	1	7	3	5	8	6	2	4
3	2	6	9	1	4	7	5	8
5	6	8	7	9	2	4	3	1
4	7	3	5	8	1	2	9	6
1	9	2	6	4	3	5	8	7

26

8	9	6	4	3	5	7	1	2
4	3	2	1	6	7	9	8	5
1	7	5	9	2	8	6	4	3
9	5	8	3	7	2	1	6	4
2	6	7	8	1	4	3	5	9
3	1	4	6	5	9	8	2	7
5	8	9	7	4	1	2	3	6
6	2	1	5	9	3	4	7	8
7	4	3	2	8	6	5	9	1

27

9	6	1	7	8	2	5	3	4
8	4	7	5	6	3	1	9	2
3	2	5	1	9	4	8	7	6
6	9	4	8	7	5	3	2	1
1	3	8	4	2	6	7	5	9
7	5	2	9	3	1	4	6	8
2	8	3	6	1	7	9	4	5
5	1	6	3	4	9	2	8	7
4	7	9	2	5	8	6	1	3

28

5	2	4	3	9	8	1	7	6
8	6	3	1	5	7	4	2	9
9	1	7	6	2	4	3	8	5
6	8	5	7	4	2	9	3	1
4	3	1	8	6	9	7	5	2
2	7	9	5	3	1	6	4	8
3	5	8	4	1	6	2	9	7
1	4	2	9	7	5	8	6	3
7	9	6	2	8	3	5	1	4

Solutions

29

8	1	9	3	4	6	7	2	5
3	7	2	1	9	5	8	4	6
6	4	5	7	2	8	9	3	1
4	9	7	6	1	3	5	8	2
2	8	6	4	5	9	3	1	7
1	5	3	8	7	2	4	6	9
7	2	8	5	6	4	1	9	3
9	3	1	2	8	7	6	5	4
5	6	4	9	3	1	2	7	8

30

7	6	2	5	8	4	3	9	1
1	3	5	9	2	6	4	8	7
4	9	8	7	3	1	6	2	5
6	4	1	2	7	8	9	5	3
8	2	3	4	5	9	1	7	6
9	5	7	6	1	3	2	4	8
2	8	6	3	9	7	5	1	4
3	7	9	1	4	5	8	6	2
5	1	4	8	6	2	7	3	9

31

3	7	8	2	9	5	1	6	4
2	5	6	4	3	1	9	7	8
1	9	4	6	8	7	5	2	3
7	1	2	9	4	6	3	8	5
6	8	9	5	2	3	4	1	7
4	3	5	1	7	8	2	9	6
9	6	1	7	5	4	8	3	2
8	4	7	3	1	2	6	5	9
5	2	3	8	6	9	7	4	1

32

7	9	4	1	5	6	2	8	3
8	6	3	9	7	2	5	4	1
5	1	2	4	3	8	7	6	9
4	8	1	2	6	9	3	5	7
3	7	6	5	4	1	8	9	2
9	2	5	7	8	3	6	1	4
6	5	9	3	2	4	1	7	8
1	3	8	6	9	7	4	2	5
2	4	7	8	1	5	9	3	6

Solutions

33

6	5	1	9	8	3	2	7	4
8	7	3	5	2	4	6	9	1
2	9	4	7	6	1	5	8	3
4	2	6	1	3	9	8	5	7
7	8	9	4	5	6	1	3	2
1	3	5	8	7	2	9	4	6
5	4	8	2	1	7	3	6	9
3	1	7	6	9	5	4	2	8
9	6	2	3	4	8	7	1	5

34

6	3	8	9	5	7	1	2	4
9	1	2	4	6	3	5	7	8
5	4	7	1	2	8	6	9	3
8	6	4	5	3	9	2	1	7
1	5	3	2	7	4	8	6	9
7	2	9	6	8	1	3	4	5
2	9	5	8	4	6	7	3	1
4	7	6	3	1	5	9	8	2
3	8	1	7	9	2	4	5	6

35

1	5	4	7	3	6	8	9	2
9	6	7	8	1	2	3	5	4
3	2	8	4	5	9	1	7	6
4	8	3	2	9	5	6	1	7
6	7	2	1	4	3	5	8	9
5	9	1	6	7	8	4	2	3
2	3	5	9	6	1	7	4	8
7	1	9	3	8	4	2	6	5
8	4	6	5	2	7	9	3	1

36

8	6	7	3	5	2	4	1	9
4	1	9	6	7	8	5	3	2
2	5	3	1	4	9	7	8	6
7	3	2	8	1	6	9	4	5
5	9	1	7	3	4	6	2	8
6	4	8	9	2	5	1	7	3
9	2	4	5	8	7	3	6	1
1	8	6	4	9	3	2	5	7
3	7	5	2	6	1	8	9	4

Solutions

37

5	8	4	2	6	3	9	7	1
2	3	9	7	1	5	6	8	4
6	1	7	4	9	8	5	3	2
1	9	8	6	2	4	3	5	7
3	6	2	1	5	7	8	4	9
7	4	5	8	3	9	1	2	6
8	2	1	5	7	6	4	9	3
9	5	6	3	4	2	7	1	8
4	7	3	9	8	1	2	6	5

38

2	4	7	5	3	9	6	1	8
6	9	1	7	2	8	4	5	3
8	5	3	1	4	6	2	7	9
3	2	5	9	7	1	8	4	6
9	1	6	8	5	4	3	2	7
4	7	8	3	6	2	1	9	5
1	8	2	6	9	7	5	3	4
5	6	9	4	1	3	7	8	2
7	3	4	2	8	5	9	6	1

39

8	6	9	3	2	4	1	7	5
4	1	7	9	5	8	6	2	3
2	3	5	6	1	7	9	8	4
9	8	1	2	6	3	5	4	7
3	7	6	4	8	5	2	1	9
5	4	2	7	9	1	8	3	6
7	2	8	5	4	6	3	9	1
1	5	3	8	7	9	4	6	2
6	9	4	1	3	2	7	5	8

40

4	1	7	2	8	9	6	3	5
5	2	3	1	4	6	8	9	7
6	9	8	7	5	3	2	4	1
8	6	2	4	3	7	5	1	9
1	3	5	9	2	8	7	6	4
9	7	4	5	6	1	3	2	8
3	4	1	8	7	2	9	5	6
7	5	6	3	9	4	1	8	2
2	8	9	6	1	5	4	7	3

Solutions

41

6	4	9	3	7	2	5	1	8
1	5	3	8	9	6	7	2	4
8	2	7	4	5	1	6	9	3
9	8	2	7	6	5	3	4	1
3	6	1	9	2	4	8	7	5
5	7	4	1	3	8	2	6	9
2	3	8	6	4	9	1	5	7
4	1	6	5	8	7	9	3	2
7	9	5	2	1	3	4	8	6

42

8	5	4	9	2	1	3	6	7
3	6	2	4	7	5	8	1	9
7	1	9	8	6	3	4	5	2
9	8	1	5	3	6	7	2	4
2	7	6	1	9	4	5	3	8
4	3	5	7	8	2	1	9	6
1	9	8	2	5	7	6	4	3
6	4	7	3	1	9	2	8	5
5	2	3	6	4	8	9	7	1

43

3	4	2	7	5	1	8	6	9
5	9	1	8	6	2	3	4	7
8	7	6	9	4	3	2	5	1
2	1	3	6	9	5	4	7	8
9	8	5	2	7	4	1	3	6
4	6	7	3	1	8	5	9	2
1	3	9	4	2	6	7	8	5
7	5	4	1	8	9	6	2	3
6	2	8	5	3	7	9	1	4

44

9	8	2	1	7	3	5	4	6
5	4	1	8	6	2	9	7	3
6	3	7	4	9	5	1	2	8
2	1	6	5	8	9	4	3	7
4	7	5	3	1	6	2	8	9
3	9	8	2	4	7	6	1	5
7	5	4	6	3	1	8	9	2
1	6	9	7	2	8	3	5	4
8	2	3	9	5	4	7	6	1

Solutions

45

2	4	1	7	3	9	5	6	8
9	5	7	6	8	1	3	2	4
8	6	3	5	4	2	7	1	9
3	7	9	2	6	5	4	8	1
4	2	5	3	1	8	9	7	6
1	8	6	4	9	7	2	5	3
6	9	2	8	7	4	1	3	5
5	3	4	1	2	6	8	9	7
7	1	8	9	5	3	6	4	2

46

5	8	1	6	7	4	2	9	3
7	4	2	3	9	5	8	6	1
9	6	3	2	1	8	4	7	5
6	3	8	5	2	1	9	4	7
4	1	7	9	6	3	5	2	8
2	9	5	8	4	7	1	3	6
3	7	9	1	8	2	6	5	4
8	2	4	7	5	6	3	1	9
1	5	6	4	3	9	7	8	2

47

3	2	4	6	7	8	1	9	5
8	5	6	9	3	1	4	2	7
9	1	7	5	2	4	8	6	3
6	9	8	2	4	3	5	7	1
2	7	3	1	5	6	9	4	8
5	4	1	7	8	9	6	3	2
7	6	9	8	1	2	3	5	4
4	8	5	3	9	7	2	1	6
1	3	2	4	6	5	7	8	9

48

1	3	6	5	7	2	9	8	4
8	2	5	6	9	4	7	3	1
9	7	4	1	3	8	6	5	2
2	1	7	9	8	3	5	4	6
5	4	3	2	1	6	8	7	9
6	9	8	4	5	7	1	2	3
4	6	1	8	2	5	3	9	7
7	5	9	3	4	1	2	6	8
3	8	2	7	6	9	4	1	5

Solutions

49

1	3	9	5	4	8	6	2	7
7	2	6	9	1	3	5	4	8
8	4	5	2	6	7	9	3	1
6	7	1	4	2	5	8	9	3
3	9	2	7	8	1	4	5	6
4	5	8	6	3	9	1	7	2
2	8	7	1	5	4	3	6	9
9	1	4	3	7	6	2	8	5
5	6	3	8	9	2	7	1	4

50

1	4	9	3	7	6	8	2	5
6	8	2	5	9	1	7	3	4
5	3	7	2	8	4	9	1	6
8	9	5	4	6	2	3	7	1
3	2	6	7	1	8	4	5	9
4	7	1	9	5	3	2	6	8
9	6	8	1	2	7	5	4	3
7	1	4	8	3	5	6	9	2
2	5	3	6	4	9	1	8	7

51

9	7	6	1	8	4	3	5	2
5	4	3	9	6	2	8	1	7
1	8	2	3	5	7	4	6	9
2	6	1	7	4	9	5	3	8
7	3	8	5	2	1	9	4	6
4	9	5	6	3	8	2	7	1
8	1	7	4	9	5	6	2	3
3	5	9	2	1	6	7	8	4
6	2	4	8	7	3	1	9	5

52

7	2	9	3	6	4	1	8	5
5	1	3	2	8	9	6	4	7
6	4	8	5	7	1	3	2	9
3	6	7	8	9	5	4	1	2
4	9	5	6	1	2	7	3	8
2	8	1	7	4	3	5	9	6
9	7	6	4	3	8	2	5	1
1	3	2	9	5	7	8	6	4
8	5	4	1	2	6	9	7	3

Solutions

53

6	9	8	2	5	1	3	4	7
1	4	2	7	3	9	6	5	8
5	3	7	8	4	6	9	2	1
2	8	4	1	6	3	5	7	9
3	6	5	9	7	2	1	8	4
7	1	9	5	8	4	2	6	3
4	5	1	3	2	8	7	9	6
8	7	3	6	9	5	4	1	2
9	2	6	4	1	7	8	3	5

54

9	1	8	4	5	3	7	2	6
6	4	3	7	2	8	5	9	1
5	2	7	6	9	1	3	4	8
7	5	9	8	3	2	6	1	4
8	6	1	5	7	4	9	3	2
4	3	2	9	1	6	8	7	5
2	8	6	3	4	7	1	5	9
3	9	4	1	8	5	2	6	7
1	7	5	2	6	9	4	8	3

55

7	2	5	8	1	3	6	4	9
6	3	1	2	9	4	7	8	5
8	4	9	6	7	5	2	1	3
4	5	6	7	2	1	3	9	8
2	7	3	4	8	9	5	6	1
1	9	8	5	3	6	4	7	2
5	1	4	3	6	8	9	2	7
3	8	2	9	4	7	1	5	6
9	6	7	1	5	2	8	3	4

56

8	1	9	6	4	3	5	2	7
4	6	5	8	7	2	9	1	3
7	3	2	9	5	1	8	4	6
2	4	8	7	1	5	3	6	9
9	7	1	4	3	6	2	8	5
3	5	6	2	9	8	1	7	4
5	8	7	3	2	4	6	9	1
1	2	4	5	6	9	7	3	8
6	9	3	1	8	7	4	5	2

Solutions

57

3	2	7	8	6	1	4	9	5
4	5	1	2	9	7	6	8	3
6	8	9	3	4	5	1	7	2
9	1	8	7	2	6	3	5	4
2	7	4	5	1	3	8	6	9
5	3	6	4	8	9	2	1	7
7	9	2	1	3	8	5	4	6
1	4	5	6	7	2	9	3	8
8	6	3	9	5	4	7	2	1

58

9	4	5	6	1	8	3	7	2
6	7	8	3	5	2	9	1	4
1	2	3	7	9	4	5	6	8
4	9	2	1	7	6	8	3	5
7	5	1	8	3	9	4	2	6
3	8	6	4	2	5	1	9	7
2	6	9	5	8	1	7	4	3
8	1	7	2	4	3	6	5	9
5	3	4	9	6	7	2	8	1

59

8	2	5	4	9	1	6	7	3
1	4	7	3	8	6	9	5	2
3	9	6	2	5	7	4	1	8
7	5	2	6	4	8	3	9	1
4	6	1	9	2	3	5	8	7
9	3	8	1	7	5	2	6	4
2	8	9	7	6	4	1	3	5
6	7	3	5	1	2	8	4	9
5	1	4	8	3	9	7	2	6

60

3	8	7	2	1	5	6	4	9
9	6	5	7	3	4	1	8	2
4	2	1	9	6	8	7	5	3
8	1	9	3	5	7	4	2	6
2	7	4	6	8	9	5	3	1
6	5	3	1	4	2	8	9	7
1	4	6	8	9	3	2	7	5
5	9	2	4	7	6	3	1	8
7	3	8	5	2	1	9	6	4

Solutions

61

1	3	6	2	8	9	4	5	7
5	9	2	4	3	7	1	6	8
4	8	7	5	6	1	9	3	2
6	2	4	1	9	8	3	7	5
8	1	3	6	7	5	2	9	4
9	7	5	3	2	4	8	1	6
2	6	1	7	4	3	5	8	9
7	5	8	9	1	2	6	4	3
3	4	9	8	5	6	7	2	1

62

7	2	1	5	8	4	6	9	3
9	6	5	7	3	1	8	2	4
4	8	3	2	6	9	7	5	1
3	5	2	1	7	8	4	6	9
8	1	9	6	4	2	5	3	7
6	7	4	9	5	3	2	1	8
5	3	6	4	1	7	9	8	2
1	9	7	8	2	6	3	4	5
2	4	8	3	9	5	1	7	6

63

7	2	9	1	4	3	8	6	5
1	8	6	7	5	9	3	4	2
3	4	5	6	2	8	7	1	9
5	3	1	9	8	4	2	7	6
8	6	2	3	1	7	9	5	4
9	7	4	2	6	5	1	8	3
2	5	7	8	9	6	4	3	1
6	1	8	4	3	2	5	9	7
4	9	3	5	7	1	6	2	8

64

8	7	9	5	3	1	6	2	4
3	1	6	4	9	2	7	5	8
4	2	5	7	8	6	3	1	9
6	8	4	2	7	3	1	9	5
5	3	1	8	6	9	2	4	7
7	9	2	1	4	5	8	3	6
2	6	8	3	5	4	9	7	1
1	5	7	9	2	8	4	6	3
9	4	3	6	1	7	5	8	2

Solutions

65

5	7	2	1	3	4	9	6	8
3	9	4	2	8	6	1	7	5
1	6	8	9	5	7	4	2	3
2	5	6	3	1	8	7	4	9
9	1	7	6	4	5	8	3	2
8	4	3	7	2	9	6	5	1
7	8	9	5	6	3	2	1	4
6	2	5	4	9	1	3	8	7
4	3	1	8	7	2	5	9	6

66

6	5	7	9	2	4	8	3	1
4	2	8	6	1	3	9	5	7
1	9	3	7	5	8	6	4	2
8	4	9	3	6	7	2	1	5
2	1	6	4	9	5	7	8	3
7	3	5	2	8	1	4	9	6
5	8	2	1	7	9	3	6	4
3	6	1	8	4	2	5	7	9
9	7	4	5	3	6	1	2	8

67

1	2	8	3	6	5	7	9	4
7	6	4	9	8	1	3	2	5
3	5	9	7	4	2	6	8	1
9	3	2	5	1	7	4	6	8
6	8	5	2	3	4	9	1	7
4	1	7	6	9	8	2	5	3
8	9	6	1	7	3	5	4	2
5	4	3	8	2	9	1	7	6
2	7	1	4	5	6	8	3	9

68

9	8	2	3	1	4	6	7	5
7	5	1	2	6	8	3	9	4
3	4	6	5	9	7	8	1	2
5	3	7	9	8	2	1	4	6
4	6	9	1	5	3	7	2	8
2	1	8	4	7	6	9	5	3
8	2	3	7	4	9	5	6	1
1	7	4	6	3	5	2	8	9
6	9	5	8	2	1	4	3	7

Solutions

69

1	4	2	3	8	7	6	9	5
7	6	8	9	2	5	4	3	1
9	3	5	4	1	6	8	2	7
8	2	6	7	5	9	1	4	3
4	1	9	2	6	3	7	5	8
3	5	7	1	4	8	9	6	2
5	8	4	6	3	1	2	7	9
2	7	1	5	9	4	3	8	6
6	9	3	8	7	2	5	1	4

70

2	3	4	7	9	5	6	8	1
8	7	1	6	4	2	5	3	9
9	5	6	8	3	1	2	4	7
4	1	2	9	6	8	3	7	5
7	9	5	2	1	3	8	6	4
3	6	8	4	5	7	1	9	2
1	4	3	5	7	6	9	2	8
5	2	9	3	8	4	7	1	6
6	8	7	1	2	9	4	5	3

71

4	1	7	6	2	9	5	3	8
5	3	6	4	7	8	1	9	2
9	8	2	3	1	5	7	6	4
6	9	1	8	4	2	3	7	5
8	5	4	7	3	6	9	2	1
7	2	3	5	9	1	8	4	6
1	4	9	2	8	7	6	5	3
2	7	5	1	6	3	4	8	9
3	6	8	9	5	4	2	1	7

72

7	6	5	9	4	3	8	1	2
9	1	2	8	7	5	4	6	3
8	3	4	6	2	1	7	9	5
4	9	7	2	1	8	3	5	6
1	5	8	3	6	7	9	2	4
6	2	3	5	9	4	1	7	8
3	8	9	1	5	2	6	4	7
2	4	1	7	3	6	5	8	9
5	7	6	4	8	9	2	3	1

Solutions

73

2	4	7	3	6	1	9	8	5
9	8	3	2	4	5	7	1	6
1	6	5	8	7	9	2	3	4
6	5	2	1	9	4	8	7	3
3	1	9	7	8	6	5	4	2
4	7	8	5	2	3	1	6	9
8	3	1	6	5	2	4	9	7
5	9	6	4	1	7	3	2	8
7	2	4	9	3	8	6	5	1

74

9	3	7	4	1	8	2	6	5
6	2	8	7	9	5	1	4	3
4	1	5	2	3	6	8	7	9
2	4	3	8	6	1	9	5	7
1	5	6	3	7	9	4	2	8
8	7	9	5	2	4	6	3	1
5	6	2	1	8	3	7	9	4
7	8	4	9	5	2	3	1	6
3	9	1	6	4	7	5	8	2

75

7	1	6	2	3	5	8	9	4
4	2	8	7	9	1	5	3	6
5	9	3	4	8	6	1	2	7
8	5	4	9	2	7	6	1	3
3	6	9	5	1	4	2	7	8
2	7	1	3	6	8	9	4	5
1	3	7	6	5	9	4	8	2
6	8	2	1	4	3	7	5	9
9	4	5	8	7	2	3	6	1

76

1	6	7	2	4	9	3	5	8
5	9	2	8	1	3	7	4	6
8	3	4	6	7	5	9	2	1
2	8	6	9	3	7	4	1	5
9	5	1	4	6	2	8	7	3
4	7	3	1	5	8	6	9	2
7	1	5	3	8	4	2	6	9
6	2	8	7	9	1	5	3	4
3	4	9	5	2	6	1	8	7

Solutions

77

2	3	4	6	5	1	9	7	8
8	9	5	4	3	7	6	1	2
6	1	7	8	2	9	5	4	3
5	8	3	2	7	6	4	9	1
4	7	9	5	1	8	2	3	6
1	6	2	9	4	3	8	5	7
7	4	6	3	8	5	1	2	9
9	5	1	7	6	2	3	8	4
3	2	8	1	9	4	7	6	5

78

5	4	7	6	2	1	8	3	9
2	6	9	5	3	8	1	7	4
8	3	1	7	4	9	2	5	6
4	8	2	9	6	7	5	1	3
9	7	3	2	1	5	6	4	8
1	5	6	4	8	3	7	9	2
3	1	4	8	7	6	9	2	5
7	9	8	3	5	2	4	6	1
6	2	5	1	9	4	3	8	7

79

2	7	5	4	9	3	6	1	8
8	4	3	6	2	1	9	7	5
9	1	6	8	5	7	3	4	2
3	9	1	2	4	5	8	6	7
6	8	2	1	7	9	4	5	3
7	5	4	3	6	8	1	2	9
5	3	7	9	1	4	2	8	6
4	6	8	7	3	2	5	9	1
1	2	9	5	8	6	7	3	4

80

9	8	4	2	6	7	1	3	5
5	6	2	3	1	9	4	7	8
3	1	7	5	8	4	9	2	6
6	5	1	9	2	8	3	4	7
8	4	3	6	7	1	2	5	9
2	7	9	4	5	3	6	8	1
1	2	5	8	4	6	7	9	3
7	3	8	1	9	2	5	6	4
4	9	6	7	3	5	8	1	2

Solutions

81

3	8	1	5	2	9	6	4	7
9	4	5	6	1	7	2	8	3
6	2	7	4	8	3	1	5	9
8	3	4	1	9	5	7	6	2
1	6	2	8	7	4	3	9	5
7	5	9	3	6	2	4	1	8
4	7	8	9	3	1	5	2	6
2	1	6	7	5	8	9	3	4
5	9	3	2	4	6	8	7	1

82

2	9	3	4	7	8	5	6	1
1	4	5	9	6	2	7	8	3
8	6	7	5	1	3	4	9	2
7	5	9	2	4	1	6	3	8
4	3	2	8	9	6	1	7	5
6	8	1	3	5	7	9	2	4
5	1	8	7	3	9	2	4	6
9	2	4	6	8	5	3	1	7
3	7	6	1	2	4	8	5	9

83

1	4	7	2	3	5	9	6	8
5	9	8	6	1	7	4	3	2
3	6	2	9	4	8	5	7	1
7	8	3	5	6	9	1	2	4
4	5	9	1	7	2	3	8	6
6	2	1	3	8	4	7	9	5
8	3	6	7	5	1	2	4	9
9	1	4	8	2	3	6	5	7
2	7	5	4	9	6	8	1	3

84

3	1	8	9	7	4	6	2	5
7	5	2	3	6	1	9	8	4
6	4	9	2	8	5	1	3	7
2	8	3	4	5	9	7	6	1
5	7	1	6	2	8	3	4	9
4	9	6	1	3	7	2	5	8
9	6	4	5	1	3	8	7	2
8	2	5	7	9	6	4	1	3
1	3	7	8	4	2	5	9	6

85

9	6	7	8	2	5	1	4	3
5	1	2	3	4	6	7	8	9
4	3	8	1	9	7	6	2	5
8	2	1	5	7	9	4	3	6
7	5	3	6	1	4	8	9	2
6	4	9	2	3	8	5	7	1
1	9	5	4	8	3	2	6	7
3	8	6	7	5	2	9	1	4
2	7	4	9	6	1	3	5	8

86

6	2	5	8	3	4	9	1	7
9	1	7	5	6	2	8	4	3
3	8	4	9	1	7	6	5	2
1	7	3	6	4	9	2	8	5
8	4	6	7	2	5	1	3	9
2	5	9	3	8	1	4	7	6
4	6	1	2	5	3	7	9	8
7	3	8	1	9	6	5	2	4
5	9	2	4	7	8	3	6	1

87

1	8	9	3	2	4	6	7	5
3	7	5	8	6	9	1	2	4
4	6	2	1	7	5	3	9	8
8	3	6	2	4	7	5	1	9
9	2	4	5	1	8	7	6	3
7	5	1	6	9	3	4	8	2
6	4	8	9	5	1	2	3	7
5	1	3	7	8	2	9	4	6
2	9	7	4	3	6	8	5	1

88

5	3	1	6	7	2	9	8	4
4	6	2	9	8	1	5	3	7
8	9	7	3	5	4	6	2	1
2	4	6	5	9	3	7	1	8
7	8	3	1	4	6	2	5	9
1	5	9	8	2	7	3	4	6
9	7	8	2	1	5	4	6	3
6	1	5	4	3	9	8	7	2
3	2	4	7	6	8	1	9	5

Solutions

89

3	4	1	9	7	6	8	2	5
2	7	8	1	5	4	9	6	3
9	6	5	2	8	3	7	1	4
1	9	6	8	3	5	2	4	7
4	8	2	7	6	1	3	5	9
5	3	7	4	9	2	6	8	1
8	1	3	6	4	9	5	7	2
7	2	9	5	1	8	4	3	6
6	5	4	3	2	7	1	9	8

90

5	3	9	6	7	4	2	8	1
1	8	7	5	2	3	9	6	4
6	4	2	1	8	9	7	5	3
8	6	4	9	5	7	1	3	2
3	2	5	4	1	8	6	7	9
9	7	1	3	6	2	5	4	8
7	1	3	8	9	5	4	2	6
4	5	6	2	3	1	8	9	7
2	9	8	7	4	6	3	1	5

91

4	3	6	2	5	9	1	8	7
7	5	1	3	8	6	2	9	4
2	8	9	7	1	4	3	5	6
1	6	7	9	3	5	8	4	2
8	2	5	4	6	1	9	7	3
9	4	3	8	2	7	5	6	1
3	9	2	6	7	8	4	1	5
6	1	8	5	4	2	7	3	9
5	7	4	1	9	3	6	2	8

92

1	6	7	5	9	3	4	2	8
2	9	5	8	1	4	3	7	6
4	8	3	2	6	7	1	9	5
6	5	2	7	8	1	9	3	4
8	3	4	9	2	5	6	1	7
9	7	1	3	4	6	8	5	2
3	4	6	1	5	2	7	8	9
7	2	8	4	3	9	5	6	1
5	1	9	6	7	8	2	4	3

93

8	5	2	1	3	6	4	9	7
6	7	9	4	2	5	8	3	1
4	1	3	8	7	9	2	6	5
9	6	1	3	8	7	5	4	2
3	2	7	6	5	4	1	8	9
5	8	4	9	1	2	6	7	3
1	4	6	2	9	3	7	5	8
7	3	8	5	4	1	9	2	6
2	9	5	7	6	8	3	1	4

94

2	7	3	9	6	8	5	1	4
5	9	8	1	7	4	2	3	6
1	6	4	5	2	3	7	9	8
9	8	1	7	4	6	3	5	2
3	4	2	8	5	9	1	6	7
6	5	7	3	1	2	4	8	9
8	1	6	4	3	7	9	2	5
4	3	9	2	8	5	6	7	1
7	2	5	6	9	1	8	4	3

95

1	7	2	9	4	6	5	8	3
8	4	9	5	3	1	2	6	7
5	6	3	2	8	7	9	4	1
2	8	1	6	9	3	7	5	4
7	5	6	1	2	4	3	9	8
3	9	4	7	5	8	1	2	6
4	2	8	3	1	5	6	7	9
9	1	7	8	6	2	4	3	5
6	3	5	4	7	9	8	1	2

96

8	3	9	4	2	1	5	7	6
2	4	6	5	7	8	9	3	1
5	1	7	3	6	9	2	8	4
9	7	1	6	8	5	4	2	3
3	2	4	9	1	7	6	5	8
6	8	5	2	3	4	1	9	7
4	6	3	8	5	2	7	1	9
1	9	2	7	4	3	8	6	5
7	5	8	1	9	6	3	4	2

Solutions

97

5	4	9	2	8	1	7	3	6
2	3	6	5	4	7	1	8	9
1	8	7	9	3	6	4	2	5
6	2	5	1	7	4	8	9	3
3	7	4	8	9	2	5	6	1
8	9	1	6	5	3	2	7	4
4	6	8	3	2	5	9	1	7
9	5	3	7	1	8	6	4	2
7	1	2	4	6	9	3	5	8

98

8	7	4	9	2	5	3	6	1
9	5	3	6	1	4	7	2	8
6	2	1	7	3	8	5	9	4
7	9	6	2	8	3	4	1	5
3	4	2	1	5	7	9	8	6
5	1	8	4	6	9	2	7	3
2	6	7	5	4	1	8	3	9
4	3	9	8	7	6	1	5	2
1	8	5	3	9	2	6	4	7

99

3	9	5	6	8	7	4	2	1
6	2	4	9	5	1	7	3	8
1	7	8	2	3	4	5	9	6
4	6	1	5	2	3	8	7	9
2	3	7	8	1	9	6	5	4
5	8	9	4	7	6	2	1	3
7	4	6	1	9	2	3	8	5
8	1	3	7	6	5	9	4	2
9	5	2	3	4	8	1	6	7

100

6	2	4	9	5	1	3	7	8
1	5	7	3	4	8	2	9	6
3	8	9	2	6	7	5	1	4
5	4	8	7	1	2	9	6	3
2	9	1	6	8	3	7	4	5
7	3	6	5	9	4	1	8	2
4	7	2	1	3	6	8	5	9
8	1	5	4	2	9	6	3	7
9	6	3	8	7	5	4	2	1

Solutions

101

9	3	1	6	4	2	7	5	8
5	7	4	1	8	9	6	2	3
6	8	2	5	7	3	1	9	4
8	4	5	7	2	6	9	3	1
3	6	7	9	1	4	5	8	2
1	2	9	8	3	5	4	6	7
2	9	3	4	6	1	8	7	5
4	5	8	3	9	7	2	1	6
7	1	6	2	5	8	3	4	9

102

8	3	4	7	6	5	2	1	9
2	7	9	1	8	4	3	6	5
6	5	1	2	3	9	7	8	4
5	6	3	4	1	7	8	9	2
7	9	2	3	5	8	6	4	1
4	1	8	9	2	6	5	3	7
3	4	5	6	9	2	1	7	8
1	2	7	8	4	3	9	5	6
9	8	6	5	7	1	4	2	3

103

7	5	6	2	8	9	3	4	1
3	8	2	1	4	6	7	9	5
1	9	4	3	7	5	2	6	8
8	4	3	5	6	2	9	1	7
2	1	7	4	9	8	6	5	3
9	6	5	7	1	3	4	8	2
5	2	8	6	3	4	1	7	9
4	7	9	8	2	1	5	3	6
6	3	1	9	5	7	8	2	4

104

3	9	2	5	4	6	8	7	1
5	8	7	9	1	3	6	2	4
6	4	1	8	2	7	3	5	9
1	6	3	2	8	4	5	9	7
4	2	5	7	3	9	1	8	6
9	7	8	6	5	1	4	3	2
8	1	6	3	9	2	7	4	5
7	5	9	4	6	8	2	1	3
2	3	4	1	7	5	9	6	8

Solutions

105

4	1	9	8	6	3	5	2	7
2	7	5	4	9	1	8	6	3
3	8	6	5	2	7	9	1	4
5	3	1	7	8	9	2	4	6
7	4	2	3	5	6	1	9	8
6	9	8	1	4	2	7	3	5
8	6	3	9	1	5	4	7	2
1	5	7	2	3	4	6	8	9
9	2	4	6	7	8	3	5	1

106

2	5	9	6	4	7	3	1	8
8	7	4	3	1	5	6	9	2
3	6	1	8	9	2	7	5	4
1	2	5	9	8	3	4	7	6
9	8	6	7	5	4	1	2	3
7	4	3	2	6	1	9	8	5
4	3	7	1	2	8	5	6	9
6	1	8	5	3	9	2	4	7
5	9	2	4	7	6	8	3	1

107

8	5	3	7	9	1	4	6	2
4	2	7	3	5	6	9	1	8
9	6	1	2	4	8	3	7	5
5	1	8	6	3	2	7	9	4
7	3	2	4	1	9	8	5	6
6	4	9	5	8	7	1	2	3
2	8	5	1	7	4	6	3	9
1	9	6	8	2	3	5	4	7
3	7	4	9	6	5	2	8	1

108

1	5	2	3	8	7	9	4	6
4	3	7	5	9	6	2	8	1
6	9	8	1	4	2	7	5	3
2	7	1	9	5	3	8	6	4
9	6	4	8	7	1	5	3	2
5	8	3	6	2	4	1	9	7
7	4	9	2	3	5	6	1	8
8	2	6	4	1	9	3	7	5
3	1	5	7	6	8	4	2	9

109

4	5	2	1	8	7	9	3	6
8	1	9	6	4	3	5	7	2
3	6	7	2	9	5	8	4	1
9	3	4	5	2	6	7	1	8
2	7	6	9	1	8	4	5	3
1	8	5	7	3	4	2	6	9
7	2	8	4	6	1	3	9	5
5	9	1	3	7	2	6	8	4
6	4	3	8	5	9	1	2	7

110

3	8	7	9	2	6	5	1	4
5	9	6	8	4	1	7	2	3
2	4	1	5	7	3	6	8	9
1	3	5	6	9	7	8	4	2
6	2	8	4	1	5	9	3	7
9	7	4	2	3	8	1	6	5
7	5	3	1	6	2	4	9	8
8	6	9	3	5	4	2	7	1
4	1	2	7	8	9	3	5	6

111

6	7	5	2	3	4	8	1	9
3	2	9	8	1	6	5	4	7
1	4	8	7	9	5	2	3	6
5	3	4	9	6	2	1	7	8
9	1	6	3	7	8	4	5	2
2	8	7	4	5	1	9	6	3
7	5	1	6	2	9	3	8	4
8	9	3	5	4	7	6	2	1
4	6	2	1	8	3	7	9	5

112

6	7	5	4	8	2	9	1	3
9	2	8	7	1	3	4	6	5
3	4	1	5	9	6	2	8	7
1	8	7	9	6	5	3	4	2
2	5	3	1	7	4	8	9	6
4	9	6	2	3	8	7	5	1
5	6	4	8	2	7	1	3	9
7	3	9	6	4	1	5	2	8
8	1	2	3	5	9	6	7	4

Solutions

113

4	6	2	7	5	1	3	9	8
1	7	9	4	8	3	2	6	5
5	8	3	2	6	9	4	1	7
7	3	8	9	2	6	1	5	4
9	2	5	1	3	4	8	7	6
6	1	4	8	7	5	9	3	2
2	9	1	5	4	7	6	8	3
3	4	7	6	1	8	5	2	9
8	5	6	3	9	2	7	4	1

114

7	2	5	8	9	4	6	3	1
9	1	3	7	5	6	8	4	2
4	8	6	1	3	2	5	9	7
6	7	1	3	4	8	2	5	9
8	9	4	2	6	5	1	7	3
3	5	2	9	7	1	4	6	8
2	4	7	6	8	3	9	1	5
1	6	9	5	2	7	3	8	4
5	3	8	4	1	9	7	2	6

115

9	7	2	8	6	4	3	1	5
8	5	1	2	3	7	9	4	6
4	3	6	9	5	1	8	2	7
5	4	3	6	7	9	1	8	2
6	1	7	3	8	2	5	9	4
2	9	8	1	4	5	7	6	3
7	8	4	5	9	6	2	3	1
3	2	5	4	1	8	6	7	9
1	6	9	7	2	3	4	5	8

116

4	8	2	5	9	3	6	7	1
7	1	9	6	8	4	5	2	3
3	5	6	7	2	1	8	4	9
8	7	5	2	6	9	3	1	4
9	6	4	1	3	5	2	8	7
2	3	1	4	7	8	9	5	6
5	9	8	3	1	7	4	6	2
6	4	7	9	5	2	1	3	8
1	2	3	8	4	6	7	9	5

Solutions

117

5	7	1	3	6	2	8	9	4
4	9	6	8	1	5	2	7	3
2	3	8	9	7	4	5	1	6
3	2	7	5	8	9	6	4	1
8	1	9	6	4	3	7	2	5
6	5	4	1	2	7	9	3	8
1	8	3	2	9	6	4	5	7
9	4	5	7	3	8	1	6	2
7	6	2	4	5	1	3	8	9

118

6	9	2	1	5	3	4	7	8
5	4	7	9	8	6	1	3	2
1	3	8	7	4	2	9	5	6
9	2	5	3	1	4	6	8	7
8	6	4	2	7	5	3	9	1
3	7	1	6	9	8	2	4	5
2	5	6	8	3	9	7	1	4
4	1	3	5	6	7	8	2	9
7	8	9	4	2	1	5	6	3

119

9	8	2	4	1	5	3	7	6
1	3	4	2	6	7	5	9	8
7	5	6	8	9	3	1	2	4
6	1	3	9	8	2	7	4	5
8	4	9	5	7	6	2	3	1
5	2	7	1	3	4	8	6	9
4	7	8	6	2	1	9	5	3
3	9	5	7	4	8	6	1	2
2	6	1	3	5	9	4	8	7

120

7	6	5	8	3	1	9	2	4
4	1	3	7	2	9	6	8	5
9	2	8	4	5	6	7	1	3
3	9	7	5	6	2	8	4	1
5	4	6	1	7	8	3	9	2
1	8	2	9	4	3	5	7	6
6	3	9	2	8	4	1	5	7
8	5	4	3	1	7	2	6	9
2	7	1	6	9	5	4	3	8

Solutions

121

2	1	6	8	7	3	5	4	9
7	3	5	4	9	1	8	2	6
9	8	4	2	6	5	7	3	1
6	9	7	5	3	4	2	1	8
8	4	1	7	2	9	3	6	5
5	2	3	1	8	6	9	7	4
1	5	9	3	4	7	6	8	2
3	6	8	9	1	2	4	5	7
4	7	2	6	5	8	1	9	3

122

2	9	5	3	8	4	7	1	6
3	4	6	7	2	1	8	5	9
7	1	8	9	5	6	2	3	4
8	2	3	1	6	9	4	7	5
6	7	9	4	3	5	1	8	2
4	5	1	8	7	2	6	9	3
5	6	7	2	9	8	3	4	1
9	8	4	6	1	3	5	2	7
1	3	2	5	4	7	9	6	8

123

4	9	2	5	8	3	6	7	1
3	7	5	4	6	1	2	8	9
8	1	6	2	7	9	4	5	3
2	8	9	7	3	4	5	1	6
1	4	7	6	9	5	8	3	2
5	6	3	8	1	2	7	9	4
7	3	8	9	4	6	1	2	5
6	5	1	3	2	8	9	4	7
9	2	4	1	5	7	3	6	8

124

9	5	4	7	2	3	8	6	1
8	3	7	1	4	6	5	2	9
1	6	2	5	8	9	7	3	4
5	2	3	9	1	4	6	7	8
4	9	6	8	3	7	2	1	5
7	1	8	6	5	2	9	4	3
6	4	5	3	7	8	1	9	2
3	7	1	2	9	5	4	8	6
2	8	9	4	6	1	3	5	7

125

3	9	5	7	8	2	4	6	1
4	8	7	5	1	6	3	2	9
2	1	6	9	4	3	5	8	7
5	4	8	1	6	7	2	9	3
9	7	3	2	5	4	8	1	6
6	2	1	3	9	8	7	5	4
7	6	9	4	2	5	1	3	8
1	3	2	8	7	9	6	4	5
8	5	4	6	3	1	9	7	2

126

1	6	4	9	2	7	5	3	8
8	7	9	5	1	3	4	2	6
5	2	3	6	4	8	7	9	1
4	9	8	3	7	5	1	6	2
6	5	2	1	8	9	3	4	7
7	3	1	4	6	2	9	8	5
9	8	6	7	5	4	2	1	3
2	4	7	8	3	1	6	5	9
3	1	5	2	9	6	8	7	4

127

5	3	7	9	1	2	4	8	6
8	1	4	3	7	6	9	2	5
9	6	2	4	8	5	7	3	1
6	7	1	8	4	3	2	5	9
2	9	8	7	5	1	3	6	4
3	4	5	2	6	9	1	7	8
7	5	6	1	2	4	8	9	3
1	8	3	5	9	7	6	4	2
4	2	9	6	3	8	5	1	7

128

7	9	8	2	1	3	6	5	4
1	6	5	4	7	8	9	3	2
2	3	4	9	5	6	7	8	1
9	5	2	7	4	1	3	6	8
3	1	7	8	6	2	5	4	9
4	8	6	3	9	5	2	1	7
6	2	1	5	8	9	4	7	3
5	4	3	1	2	7	8	9	6
8	7	9	6	3	4	1	2	5

Solutions

129

7	6	9	2	4	5	8	1	3
8	3	5	6	1	7	2	4	9
1	2	4	9	3	8	6	7	5
6	9	8	5	7	3	4	2	1
2	5	1	4	8	6	3	9	7
3	4	7	1	9	2	5	6	8
4	8	3	7	2	1	9	5	6
9	1	6	8	5	4	7	3	2
5	7	2	3	6	9	1	8	4

130

8	6	5	2	7	1	3	4	9
1	4	3	8	5	9	7	2	6
7	9	2	4	3	6	8	1	5
3	7	9	5	4	8	1	6	2
4	2	1	3	6	7	5	9	8
6	5	8	9	1	2	4	3	7
9	1	7	6	8	3	2	5	4
5	8	6	1	2	4	9	7	3
2	3	4	7	9	5	6	8	1

131

5	7	2	1	4	3	9	8	6
1	3	6	9	8	2	5	7	4
9	8	4	5	6	7	1	2	3
2	4	9	7	5	8	3	6	1
7	6	1	2	3	4	8	5	9
8	5	3	6	1	9	7	4	2
6	9	7	8	2	1	4	3	5
3	2	8	4	9	5	6	1	7
4	1	5	3	7	6	2	9	8

132

3	6	8	9	4	2	7	1	5
5	1	9	7	3	8	2	4	6
2	4	7	6	5	1	8	3	9
9	7	1	3	8	5	6	2	4
6	8	3	4	2	7	5	9	1
4	5	2	1	9	6	3	8	7
7	9	6	2	1	3	4	5	8
1	3	5	8	7	4	9	6	2
8	2	4	5	6	9	1	7	3

Solutions

133

5	2	7	3	1	6	4	8	9
8	6	4	7	9	5	3	2	1
1	3	9	2	8	4	6	5	7
9	8	2	5	7	3	1	6	4
3	5	1	4	6	8	7	9	2
4	7	6	1	2	9	8	3	5
2	9	3	6	4	7	5	1	8
7	1	5	8	3	2	9	4	6
6	4	8	9	5	1	2	7	3

134

9	8	5	2	1	3	7	6	4
6	4	1	9	7	5	8	2	3
2	7	3	8	4	6	1	9	5
7	9	4	1	2	8	5	3	6
8	3	6	5	9	4	2	1	7
5	1	2	3	6	7	9	4	8
1	6	8	7	3	2	4	5	9
3	5	9	4	8	1	6	7	2
4	2	7	6	5	9	3	8	1

135

5	6	4	9	8	2	3	7	1
1	3	9	4	5	7	2	8	6
2	7	8	6	1	3	9	4	5
6	4	1	7	2	9	5	3	8
3	9	2	8	4	5	1	6	7
7	8	5	3	6	1	4	9	2
9	2	3	5	7	8	6	1	4
8	5	6	1	3	4	7	2	9
4	1	7	2	9	6	8	5	3

136

8	9	3	6	4	5	2	7	1
1	7	2	3	8	9	6	5	4
5	6	4	2	1	7	3	9	8
3	4	9	1	5	6	7	8	2
2	5	6	9	7	8	1	4	3
7	8	1	4	3	2	5	6	9
4	2	7	5	9	1	8	3	6
6	3	5	8	2	4	9	1	7
9	1	8	7	6	3	4	2	5

137

1	7	9	5	3	2	8	4	6
8	2	5	6	4	1	7	3	9
6	4	3	9	7	8	5	2	1
2	8	6	4	9	5	1	7	3
3	9	4	1	2	7	6	8	5
7	5	1	8	6	3	2	9	4
9	3	8	2	5	6	4	1	7
4	6	2	7	1	9	3	5	8
5	1	7	3	8	4	9	6	2

138

6	9	4	7	5	1	2	8	3
2	3	8	4	9	6	7	5	1
5	7	1	8	3	2	9	6	4
7	2	9	1	4	5	8	3	6
3	4	5	6	2	8	1	7	9
1	8	6	3	7	9	5	4	2
4	5	7	9	1	3	6	2	8
8	1	3	2	6	7	4	9	5
9	6	2	5	8	4	3	1	7

139

1	4	9	3	2	8	7	6	5
2	7	8	6	1	5	3	9	4
5	6	3	7	9	4	8	1	2
6	1	7	8	5	2	4	3	9
9	2	4	1	6	3	5	7	8
8	3	5	4	7	9	1	2	6
7	9	2	5	8	1	6	4	3
4	5	6	9	3	7	2	8	1
3	8	1	2	4	6	9	5	7

140

4	1	5	8	2	7	6	9	3
6	8	9	3	4	5	2	7	1
3	2	7	6	9	1	5	8	4
2	6	8	9	1	3	7	4	5
9	5	1	2	7	4	3	6	8
7	3	4	5	6	8	1	2	9
1	7	2	4	3	9	8	5	6
5	9	6	1	8	2	4	3	7
8	4	3	7	5	6	9	1	2

Solutions

141

9	2	8	1	4	7	3	5	6
6	3	1	8	2	5	7	9	4
4	7	5	6	9	3	1	2	8
7	5	2	9	8	4	6	3	1
3	6	9	7	1	2	4	8	5
8	1	4	3	5	6	2	7	9
5	9	7	2	6	1	8	4	3
2	8	6	4	3	9	5	1	7
1	4	3	5	7	8	9	6	2

142

6	1	5	8	2	9	3	7	4
3	8	2	4	1	7	6	5	9
7	4	9	6	3	5	2	8	1
9	6	8	1	4	2	5	3	7
1	2	7	5	8	3	4	9	6
4	5	3	7	9	6	1	2	8
5	7	1	3	6	8	9	4	2
2	3	6	9	7	4	8	1	5
8	9	4	2	5	1	7	6	3

143

2	8	6	4	3	9	5	1	7
9	1	7	5	8	2	4	3	6
3	4	5	1	6	7	9	2	8
8	6	4	3	9	1	7	5	2
1	7	9	2	5	4	6	8	3
5	2	3	8	7	6	1	9	4
6	3	8	9	4	5	2	7	1
4	9	1	7	2	3	8	6	5
7	5	2	6	1	8	3	4	9

144

5	8	9	6	1	4	3	7	2
4	1	3	9	2	7	8	6	5
6	2	7	5	3	8	9	1	4
1	9	6	8	7	5	4	2	3
8	5	2	4	6	3	7	9	1
7	3	4	1	9	2	5	8	6
9	4	1	7	5	6	2	3	8
3	7	5	2	8	1	6	4	9
2	6	8	3	4	9	1	5	7

Solutions

145

2	8	5	7	6	9	1	3	4
4	3	7	1	8	5	2	9	6
9	6	1	2	4	3	7	5	8
7	4	6	5	1	8	3	2	9
1	2	8	9	3	7	4	6	5
5	9	3	4	2	6	8	1	7
3	7	9	8	5	1	6	4	2
8	1	4	6	9	2	5	7	3
6	5	2	3	7	4	9	8	1

146

3	1	9	6	7	5	2	4	8
2	6	4	3	9	8	5	7	1
7	8	5	1	4	2	9	6	3
4	5	2	9	6	1	3	8	7
8	3	6	4	2	7	1	9	5
9	7	1	8	5	3	4	2	6
6	2	7	5	1	4	8	3	9
5	4	8	7	3	9	6	1	2
1	9	3	2	8	6	7	5	4

147

6	7	8	4	2	3	1	9	5
3	5	2	1	9	7	8	4	6
9	1	4	8	6	5	7	2	3
1	9	6	5	3	2	4	7	8
8	2	7	6	1	4	5	3	9
4	3	5	9	7	8	2	6	1
2	4	9	3	8	1	6	5	7
7	6	1	2	5	9	3	8	4
5	8	3	7	4	6	9	1	2

148

4	9	7	2	6	8	3	5	1
3	1	6	5	9	7	4	2	8
2	5	8	3	1	4	6	7	9
5	7	3	9	8	1	2	4	6
8	4	2	7	3	6	1	9	5
1	6	9	4	5	2	8	3	7
9	8	5	1	4	3	7	6	2
6	2	4	8	7	5	9	1	3
7	3	1	6	2	9	5	8	4

149

7	3	5	2	9	8	4	1	6
8	1	9	3	6	4	7	5	2
2	6	4	1	7	5	9	8	3
6	2	8	7	1	3	5	9	4
5	9	3	4	8	6	1	2	7
4	7	1	5	2	9	3	6	8
9	5	6	8	3	7	2	4	1
3	4	2	6	5	1	8	7	9
1	8	7	9	4	2	6	3	5

150

2	4	1	9	7	6	5	8	3
5	9	7	8	3	1	6	2	4
6	8	3	5	2	4	7	9	1
4	2	8	7	1	9	3	6	5
7	6	9	3	8	5	4	1	2
3	1	5	4	6	2	9	7	8
8	7	6	2	4	3	1	5	9
1	5	4	6	9	8	2	3	7
9	3	2	1	5	7	8	4	6

151

2	6	9	8	4	7	3	5	1
5	7	8	2	3	1	9	6	4
3	4	1	9	5	6	7	2	8
1	2	5	4	8	3	6	9	7
4	3	6	5	7	9	8	1	2
9	8	7	6	1	2	5	4	3
6	9	4	7	2	8	1	3	5
8	5	3	1	6	4	2	7	9
7	1	2	3	9	5	4	8	6

152

6	3	4	5	9	2	8	7	1
8	9	5	7	1	6	4	3	2
1	2	7	4	8	3	6	9	5
7	5	3	9	6	8	1	2	4
4	8	1	2	3	7	5	6	9
9	6	2	1	5	4	3	8	7
3	7	9	6	4	5	2	1	8
2	4	8	3	7	1	9	5	6
5	1	6	8	2	9	7	4	3

Solutions

153

8	5	4	2	1	7	9	6	3
9	7	2	6	3	8	5	4	1
3	6	1	5	9	4	7	8	2
6	4	5	7	8	1	2	3	9
2	3	8	4	5	9	6	1	7
7	1	9	3	6	2	8	5	4
1	9	6	8	7	3	4	2	5
4	8	3	9	2	5	1	7	6
5	2	7	1	4	6	3	9	8

154

9	1	3	8	5	7	2	4	6
5	2	4	1	6	3	8	9	7
8	6	7	4	2	9	3	5	1
6	8	2	9	3	4	7	1	5
7	9	5	6	1	8	4	3	2
4	3	1	2	7	5	9	6	8
2	5	9	3	8	1	6	7	4
3	7	6	5	4	2	1	8	9
1	4	8	7	9	6	5	2	3

155

1	6	2	5	7	9	3	4	8
4	3	8	2	6	1	5	7	9
7	5	9	8	4	3	2	1	6
8	4	5	1	9	6	7	3	2
3	2	6	4	5	7	8	9	1
9	1	7	3	8	2	4	6	5
5	7	4	6	1	8	9	2	3
6	8	3	9	2	4	1	5	7
2	9	1	7	3	5	6	8	4

156

9	4	7	3	2	1	6	5	8
1	8	6	7	5	9	3	4	2
3	5	2	6	4	8	9	7	1
7	6	1	5	8	4	2	3	9
4	3	8	9	6	2	5	1	7
5	2	9	1	3	7	4	8	6
6	9	3	8	7	5	1	2	4
8	1	4	2	9	3	7	6	5
2	7	5	4	1	6	8	9	3

157

7	4	8	9	1	2	3	5	6
3	2	9	5	6	4	1	7	8
1	5	6	3	7	8	2	9	4
5	1	4	7	9	3	8	6	2
8	6	3	2	5	1	7	4	9
2	9	7	8	4	6	5	1	3
4	3	1	6	2	5	9	8	7
9	8	5	4	3	7	6	2	1
6	7	2	1	8	9	4	3	5

158

8	5	7	3	4	2	1	9	6
3	2	9	1	6	5	7	8	4
6	1	4	8	7	9	2	3	5
5	8	2	6	3	1	9	4	7
7	4	1	5	9	8	6	2	3
9	3	6	7	2	4	8	5	1
4	7	3	2	8	6	5	1	9
1	6	8	9	5	3	4	7	2
2	9	5	4	1	7	3	6	8

159

7	4	9	5	2	1	6	3	8
3	5	6	8	4	9	2	1	7
1	8	2	6	3	7	4	9	5
9	7	8	2	1	6	3	5	4
5	1	3	9	7	4	8	6	2
6	2	4	3	5	8	9	7	1
4	6	5	7	8	3	1	2	9
2	9	1	4	6	5	7	8	3
8	3	7	1	9	2	5	4	6

160

7	6	1	9	8	3	2	5	4
8	5	9	6	2	4	3	1	7
4	3	2	5	1	7	9	6	8
5	1	4	7	3	9	8	2	6
3	2	7	8	6	5	4	9	1
9	8	6	2	4	1	7	3	5
1	4	5	3	7	2	6	8	9
2	7	8	1	9	6	5	4	3
6	9	3	4	5	8	1	7	2

Solutions

161

7	9	3	6	2	1	8	5	4
8	2	5	7	9	4	1	3	6
4	1	6	8	3	5	2	7	9
2	6	4	9	8	3	7	1	5
9	8	1	5	7	6	3	4	2
3	5	7	4	1	2	6	9	8
6	4	2	3	5	7	9	8	1
1	7	8	2	4	9	5	6	3
5	3	9	1	6	8	4	2	7

162

1	6	3	4	9	5	8	7	2
5	4	2	3	8	7	1	9	6
7	9	8	2	1	6	5	3	4
4	2	7	5	3	1	6	8	9
6	3	5	8	7	9	2	4	1
8	1	9	6	4	2	3	5	7
3	8	6	7	2	4	9	1	5
2	7	1	9	5	3	4	6	8
9	5	4	1	6	8	7	2	3

163

1	8	3	2	9	6	4	7	5
4	5	2	3	8	7	1	6	9
9	7	6	5	1	4	2	8	3
5	3	9	6	4	2	7	1	8
8	6	7	1	5	3	9	4	2
2	1	4	8	7	9	3	5	6
3	4	1	9	6	5	8	2	7
7	2	5	4	3	8	6	9	1
6	9	8	7	2	1	5	3	4

164

7	6	2	4	5	1	9	8	3
4	8	1	2	3	9	5	6	7
3	5	9	6	7	8	2	4	1
9	1	8	5	2	4	7	3	6
2	7	6	8	9	3	4	1	5
5	3	4	7	1	6	8	9	2
8	4	7	1	6	2	3	5	9
1	2	3	9	8	5	6	7	4
6	9	5	3	4	7	1	2	8

Solutions

165

4	6	2	9	5	1	8	7	3
3	1	5	7	6	8	9	2	4
7	9	8	4	2	3	5	6	1
9	5	6	1	7	2	4	3	8
2	4	3	6	8	9	1	5	7
8	7	1	3	4	5	2	9	6
5	2	7	8	1	6	3	4	9
6	8	9	5	3	4	7	1	2
1	3	4	2	9	7	6	8	5

166

3	2	5	9	7	1	8	6	4
7	1	8	3	4	6	2	9	5
6	9	4	2	8	5	1	3	7
9	5	2	8	1	4	3	7	6
1	4	6	7	3	9	5	2	8
8	7	3	6	5	2	4	1	9
4	6	7	1	2	8	9	5	3
2	8	9	5	6	3	7	4	1
5	3	1	4	9	7	6	8	2

167

1	5	2	9	8	7	6	4	3
6	3	8	1	2	4	9	7	5
9	7	4	5	3	6	8	1	2
3	9	1	8	4	5	7	2	6
2	8	7	3	6	1	4	5	9
4	6	5	7	9	2	1	3	8
7	4	9	6	5	3	2	8	1
5	1	6	2	7	8	3	9	4
8	2	3	4	1	9	5	6	7

168

8	2	9	5	6	1	3	4	7
6	1	7	3	4	8	9	2	5
5	3	4	7	2	9	1	6	8
1	4	2	9	3	7	8	5	6
9	7	6	4	8	5	2	1	3
3	5	8	6	1	2	4	7	9
4	6	5	2	9	3	7	8	1
2	8	3	1	7	6	5	9	4
7	9	1	8	5	4	6	3	2

Solutions

169

9	1	4	6	2	5	7	8	3
6	3	8	9	7	1	2	5	4
2	5	7	8	4	3	1	6	9
1	8	5	7	3	2	9	4	6
4	2	6	5	8	9	3	1	7
3	7	9	1	6	4	8	2	5
7	4	1	2	9	6	5	3	8
8	6	2	3	5	7	4	9	1
5	9	3	4	1	8	6	7	2

170

1	9	8	4	7	5	6	2	3
5	6	4	3	2	1	8	7	9
3	2	7	6	8	9	4	5	1
9	5	3	2	1	8	7	6	4
7	4	6	5	9	3	2	1	8
8	1	2	7	6	4	3	9	5
4	7	5	9	3	6	1	8	2
6	3	1	8	5	2	9	4	7
2	8	9	1	4	7	5	3	6

171

8	9	4	3	6	2	5	7	1
2	5	1	4	9	7	6	3	8
7	3	6	5	1	8	9	4	2
3	8	9	2	4	6	1	5	7
6	2	5	8	7	1	3	9	4
1	4	7	9	5	3	8	2	6
5	7	8	1	3	4	2	6	9
4	1	3	6	2	9	7	8	5
9	6	2	7	8	5	4	1	3

172

3	9	2	4	8	7	5	1	6
7	4	5	9	1	6	2	8	3
1	8	6	5	2	3	7	4	9
4	7	3	1	5	2	6	9	8
8	5	9	3	6	4	1	2	7
6	2	1	7	9	8	3	5	4
5	1	4	6	3	9	8	7	2
9	6	8	2	7	5	4	3	1
2	3	7	8	4	1	9	6	5

Solutions

173

3	4	6	7	1	8	5	2	9
7	9	2	5	3	4	8	6	1
1	5	8	6	9	2	3	4	7
5	7	9	3	8	6	2	1	4
4	6	3	1	2	9	7	8	5
8	2	1	4	7	5	9	3	6
9	3	4	8	5	1	6	7	2
6	8	5	2	4	7	1	9	3
2	1	7	9	6	3	4	5	8

174

2	3	9	5	4	7	8	1	6
4	7	6	1	9	8	3	2	5
1	5	8	3	2	6	4	9	7
8	4	5	2	6	1	9	7	3
3	1	2	7	8	9	6	5	4
6	9	7	4	5	3	2	8	1
7	8	4	6	1	2	5	3	9
5	2	1	9	3	4	7	6	8
9	6	3	8	7	5	1	4	2

175

7	3	2	8	1	4	5	6	9
6	4	9	7	5	2	8	1	3
1	8	5	3	6	9	7	4	2
2	5	3	4	8	1	6	9	7
9	1	8	6	7	5	3	2	4
4	7	6	2	9	3	1	8	5
5	2	4	1	3	6	9	7	8
8	9	1	5	2	7	4	3	6
3	6	7	9	4	8	2	5	1

176

9	6	5	8	7	3	2	4	1
4	2	1	9	5	6	8	7	3
8	3	7	2	1	4	6	9	5
3	9	4	5	2	7	1	8	6
5	1	2	4	6	8	7	3	9
7	8	6	1	3	9	4	5	2
2	7	8	6	9	5	3	1	4
1	5	3	7	4	2	9	6	8
6	4	9	3	8	1	5	2	7

Solutions

177

6	8	2	7	4	9	1	5	3
5	1	7	2	3	6	4	8	9
3	9	4	1	5	8	2	7	6
2	7	8	5	9	1	6	3	4
9	4	3	8	6	7	5	2	1
1	5	6	4	2	3	8	9	7
8	2	1	9	7	4	3	6	5
7	3	5	6	1	2	9	4	8
4	6	9	3	8	5	7	1	2

178

2	4	5	3	6	8	1	9	7
3	6	7	5	9	1	2	4	8
8	1	9	7	2	4	6	3	5
6	7	2	4	8	9	3	5	1
1	5	8	6	7	3	9	2	4
4	9	3	1	5	2	8	7	6
9	2	4	8	1	5	7	6	3
7	3	1	9	4	6	5	8	2
5	8	6	2	3	7	4	1	9

179

9	8	6	1	5	7	2	3	4
4	7	2	3	8	9	6	1	5
3	1	5	2	4	6	9	7	8
7	2	8	4	6	1	3	5	9
1	9	4	7	3	5	8	6	2
5	6	3	9	2	8	1	4	7
2	4	9	6	7	3	5	8	1
8	3	1	5	9	4	7	2	6
6	5	7	8	1	2	4	9	3

180

7	9	2	8	4	6	1	5	3
4	8	1	5	7	3	6	9	2
5	3	6	1	9	2	7	8	4
6	4	3	2	8	5	9	7	1
2	7	5	9	6	1	3	4	8
8	1	9	7	3	4	5	2	6
3	5	7	4	1	8	2	6	9
9	6	8	3	2	7	4	1	5
1	2	4	6	5	9	8	3	7

Solutions

181

2	1	9	8	6	3	4	7	5
7	3	5	9	4	2	6	8	1
4	6	8	1	7	5	9	2	3
6	5	7	4	2	9	1	3	8
1	9	3	7	5	8	2	4	6
8	2	4	3	1	6	5	9	7
5	7	6	2	8	4	3	1	9
9	8	2	5	3	1	7	6	4
3	4	1	6	9	7	8	5	2

182

7	3	8	4	1	2	5	6	9
1	5	6	8	7	9	4	3	2
9	4	2	6	5	3	1	8	7
6	7	3	1	9	8	2	5	4
5	2	1	7	6	4	8	9	3
8	9	4	3	2	5	6	7	1
4	6	9	5	3	1	7	2	8
2	8	7	9	4	6	3	1	5
3	1	5	2	8	7	9	4	6

183

2	6	5	9	1	7	8	4	3
7	3	9	8	4	2	5	1	6
8	1	4	6	5	3	7	9	2
1	5	7	2	6	4	9	3	8
9	4	3	7	8	1	6	2	5
6	2	8	5	3	9	4	7	1
3	8	2	4	9	6	1	5	7
5	9	1	3	7	8	2	6	4
4	7	6	1	2	5	3	8	9

184

9	2	3	6	8	4	7	5	1
1	5	4	9	3	7	2	8	6
7	6	8	2	5	1	3	9	4
2	7	5	3	4	8	6	1	9
4	1	6	7	2	9	8	3	5
3	8	9	5	1	6	4	2	7
8	9	1	4	7	2	5	6	3
6	3	7	8	9	5	1	4	2
5	4	2	1	6	3	9	7	8

Solutions

185

6	2	7	8	9	5	4	3	1
1	3	8	2	4	7	6	9	5
9	4	5	6	1	3	8	7	2
4	7	6	5	2	1	3	8	9
3	5	1	7	8	9	2	4	6
8	9	2	3	6	4	5	1	7
7	6	3	1	5	8	9	2	4
2	1	4	9	3	6	7	5	8
5	8	9	4	7	2	1	6	3

186

3	5	2	4	9	8	6	7	1
6	9	7	3	2	1	8	4	5
4	8	1	5	7	6	9	2	3
2	6	9	7	8	3	1	5	4
5	3	8	2	1	4	7	6	9
7	1	4	6	5	9	2	3	8
9	7	5	8	3	2	4	1	6
8	2	6	1	4	5	3	9	7
1	4	3	9	6	7	5	8	2

187

8	2	7	9	6	1	4	3	5
9	4	3	5	7	8	6	2	1
6	5	1	3	4	2	9	8	7
5	9	8	4	2	7	3	1	6
4	1	6	8	9	3	7	5	2
7	3	2	6	1	5	8	9	4
3	7	5	2	8	4	1	6	9
2	6	4	1	3	9	5	7	8
1	8	9	7	5	6	2	4	3

188

2	1	6	8	3	9	4	7	5
9	7	3	5	6	4	1	8	2
5	4	8	2	7	1	3	9	6
8	6	4	1	5	3	7	2	9
3	2	5	9	8	7	6	1	4
7	9	1	6	4	2	8	5	3
6	8	2	4	1	5	9	3	7
1	3	9	7	2	6	5	4	8
4	5	7	3	9	8	2	6	1

Solutions

189

7	2	1	4	8	5	6	9	3
8	4	6	7	9	3	1	5	2
5	3	9	1	6	2	4	7	8
3	6	7	2	1	4	5	8	9
9	8	5	6	3	7	2	4	1
2	1	4	8	5	9	7	3	6
1	7	3	9	4	6	8	2	5
4	5	8	3	2	1	9	6	7
6	9	2	5	7	8	3	1	4

190

4	6	7	9	5	3	8	1	2
5	3	1	8	7	2	9	6	4
9	8	2	6	1	4	5	7	3
3	1	4	7	9	5	2	8	6
6	7	8	2	4	1	3	5	9
2	5	9	3	8	6	1	4	7
8	9	6	5	3	7	4	2	1
7	4	3	1	2	8	6	9	5
1	2	5	4	6	9	7	3	8

191

5	7	3	9	2	4	1	6	8
9	8	6	3	1	7	2	4	5
1	2	4	5	8	6	9	7	3
3	6	9	2	4	8	7	5	1
4	5	7	1	9	3	6	8	2
8	1	2	7	6	5	4	3	9
7	9	8	4	5	1	3	2	6
2	4	5	6	3	9	8	1	7
6	3	1	8	7	2	5	9	4

192

3	8	1	7	9	6	2	5	4
5	9	7	1	2	4	3	6	8
6	2	4	5	8	3	9	1	7
8	7	2	6	1	9	5	4	3
9	5	6	4	3	7	8	2	1
1	4	3	2	5	8	7	9	6
7	1	8	9	6	2	4	3	5
2	3	5	8	4	1	6	7	9
4	6	9	3	7	5	1	8	2

Solutions

193

6	4	1	5	2	8	7	3	9
9	8	2	6	3	7	1	5	4
5	3	7	4	1	9	6	2	8
4	6	5	8	7	1	3	9	2
3	2	8	9	5	6	4	1	7
1	7	9	2	4	3	5	8	6
8	9	4	1	6	5	2	7	3
2	1	3	7	8	4	9	6	5
7	5	6	3	9	2	8	4	1

194

6	9	4	1	3	5	8	2	7
5	3	2	8	7	9	1	4	6
1	7	8	6	4	2	9	5	3
8	5	7	4	1	3	6	9	2
3	1	9	2	6	8	5	7	4
4	2	6	9	5	7	3	8	1
2	4	5	3	9	1	7	6	8
9	8	1	7	2	6	4	3	5
7	6	3	5	8	4	2	1	9

195

1	8	3	5	9	7	6	2	4
2	7	5	4	1	6	3	9	8
9	4	6	8	2	3	1	5	7
4	6	1	2	5	9	8	7	3
7	5	2	3	8	1	9	4	6
8	3	9	7	6	4	2	1	5
5	9	4	6	3	2	7	8	1
6	1	7	9	4	8	5	3	2
3	2	8	1	7	5	4	6	9

196

9	8	4	7	6	3	1	2	5
3	7	2	5	1	8	9	4	6
1	6	5	2	4	9	3	7	8
2	1	9	4	8	5	7	6	3
6	3	8	1	9	7	4	5	2
4	5	7	3	2	6	8	1	9
5	4	6	9	3	1	2	8	7
8	9	1	6	7	2	5	3	4
7	2	3	8	5	4	6	9	1

Solutions

197

1	5	3	7	6	9	2	8	4
8	4	6	5	3	2	9	7	1
7	2	9	8	1	4	6	5	3
5	6	2	1	4	7	3	9	8
4	3	7	6	9	8	1	2	5
9	8	1	2	5	3	4	6	7
3	7	8	4	2	6	5	1	9
6	9	5	3	7	1	8	4	2
2	1	4	9	8	5	7	3	6

198

1	7	5	9	8	4	3	6	2
6	3	8	7	2	5	4	9	1
2	9	4	1	3	6	5	7	8
5	2	6	3	7	9	1	8	4
4	8	7	5	1	2	9	3	6
3	1	9	4	6	8	7	2	5
9	5	2	8	4	3	6	1	7
8	4	1	6	9	7	2	5	3
7	6	3	2	5	1	8	4	9

199

7	3	9	5	2	8	4	6	1
5	8	6	4	7	1	2	9	3
1	2	4	6	9	3	7	5	8
8	1	5	2	6	7	3	4	9
4	9	3	1	8	5	6	7	2
6	7	2	9	3	4	1	8	5
3	5	8	7	1	6	9	2	4
9	6	1	8	4	2	5	3	7
2	4	7	3	5	9	8	1	6

200

7	6	5	9	8	2	1	4	3
4	1	2	7	5	3	6	8	9
9	8	3	4	1	6	2	7	5
8	7	4	1	2	9	5	3	6
3	2	1	5	6	4	7	9	8
6	5	9	3	7	8	4	1	2
5	9	7	6	3	1	8	2	4
1	4	8	2	9	5	3	6	7
2	3	6	8	4	7	9	5	1

Solutions